프리온병,

가장 낯설고
가장 위험한 치매 이야기

프리온병, 가장 낯설고 가장 위험한 치매 이야기
곽용태 지음

초판 인쇄 2025년 9월 25일
초판 발행 2025년 9월 30일

지 은 이 곽용태
펴 낸 이 양현덕
펴 낸 곳 (주)디멘시아북스
기획·편집 양정덕
디 자 인 이희정

등록번호 제2020-000082호
주　　소 (16943) 경기도 용인시 수지구 광교중앙로 294 엘리치안빌딩 305호
전　　화 031-216-8720
펙　　스 031-216-8721
홈 주 소 www.dementiabooks.co.kr
이 메 일 dementiabooks@naver.com

ISBN 979-11-992611-1-2 03510
정 가 13,000원

프리온병,
가장 낯설고
가장 위험한 치매 이야기

곽용태 지음   이해하면 예방할 수 있습니다

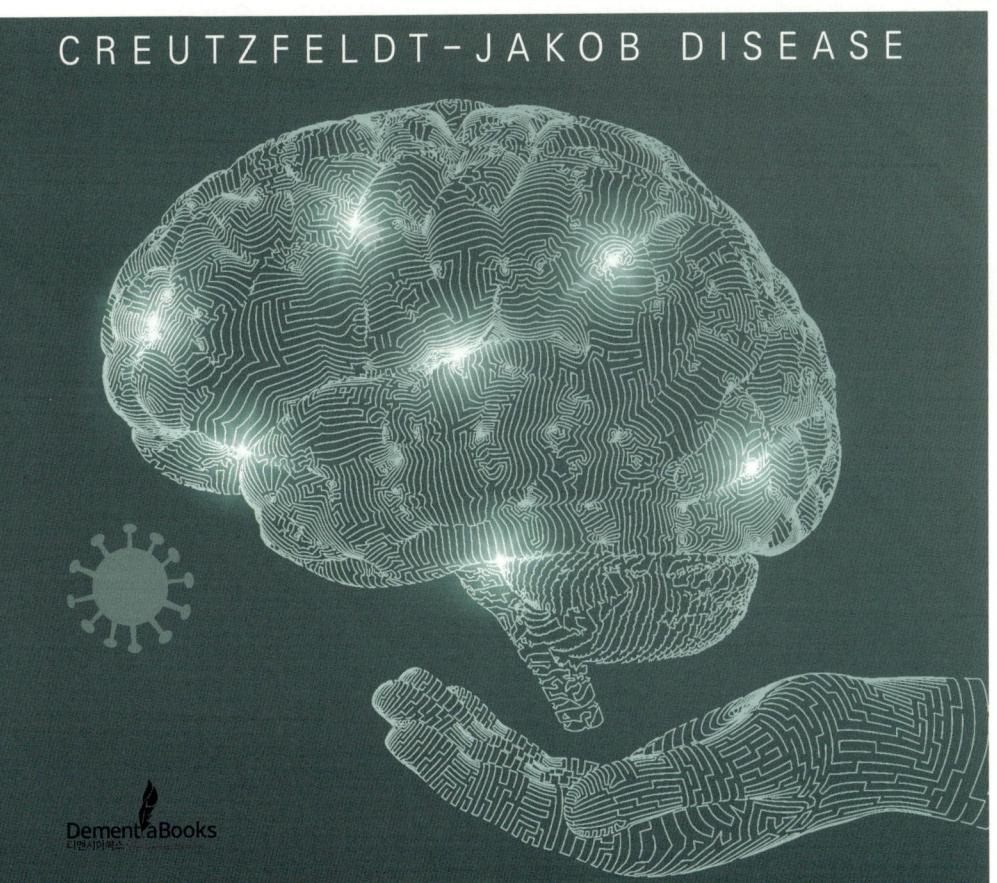

CREUTZFELDT-JAKOB DISEASE

Dement'aBooks
디멘시아북스

1990년대 초반, 제가 연세대학교 세브란스병원에서 신경과 전공의 수련을 받을 당시, 크로이츠펠트-야콥병은 그야말로 이름조차 생소한 희귀병이었습니다. 수많은 질환을 배우고 익혀야 했던 전공의 시절, 이 병은 교과서의 한 귀퉁이에 조용히 적혀 있는 단 한두 문장에 불과했습니다. 실제로 진료를 해 본 경험은 없었고 우연히 다른 동료의 환자를 잠깐 본 것이 전부였습니다. 그 환자는 알 수 없는 정신 증상과 빠른 신경학적 악화를 보였고 명확한 병명도 모른 채 병세는 급속히 진행되었습니다. 그 시절에는 뇌척수액에서 크로이츠펠트-야콥병을 진단하는 단백질을 확인하는 검사도 국내에는 없었고 MRI 영상에서 이 병을 의심할 수 있으리라는 생각조차 하지 못하던 때였습니다. 그렇게 멀게만 느껴졌던 병, 언젠가 잊힌 줄 알았던 이름이 다시 제 앞에 나타난 것은 꽤 시간이 흐른 뒤였습니다. 지금의 병원에서 저는 직접 한 환자를 진료하게 되었고 크로이츠펠트-야콥병을 더 이상 남의 이야기가 아닌, 내 환자의 이야기로 마주하게 되었습니다.

그 환자는 기억력 저하와 인격 변화, 환시, 감정의 기복 등 정신과적 증상으로 여러 병원을 전전하다 저희 병원에 입원했습니다. 입원 후 이어지는 반복적인 경련 발작과 빠르게 악화되는 인지기능은, 단순한 정신과 질환이 아닌 신경계 자체에 무언가 급격히 진행되는 문제가 있다는 신호였습니다. 다양한 감별 진단을 위해 시행한 MRI에서, 저는 지금도 생생히 기억나는 영상을 보게 되었습니다. 대뇌 피질을 따라 리본처럼 이어지는 고신호, 한 번도 본 적 없는 MRI 소견이었습니다. 처음에는 그 영상이 낯설고 혼란스러웠지만, 곧장 해외 문헌을 뒤지면서 알게 되었습니다. 바로 그 리본 모양의 고신호가, 당시 외국에서 처음 보고되기 시작한 크로이츠펠트-야콥병의 특징적 MRI 소견이라는 사실을요. 그 경험을 계기로 비슷한 환자들을 정리했고, 저는 한국에서 최초로 이 병의 MRI 진단 소견에 대한 논문을 발표할 수 있었습니다. 진단의 영역에서 프리온병이라는 병에 한 걸음 가까워진 순간이었습니다.

그런데 기억에 남는 건 진단의 성공만이 아니었습니다. 한 환자의 보호자가 제게 말하셨습니다. "선생님이 좋은 일 하신다고 하니 저희 아버님 사례를 논문에 발표하여도 괜찮지만, 혹시라도 다른 사람이 제 아버지인 줄 알게 되지 않게만 해 주세요." 짧은 부탁이었지만 그 안에는 이 병이 환자 보호자에게 남긴 깊은 낙인과 조심스러운 마음이 담겨 있었습니다. 그 순간 저는 깨달았습니다. 병 자체도 무섭지만 이에 못지않게 이 병을 둘러싼 사회적 시선과 인식이 얼마나 더 큰 고통이 될 수 있는지를 말입니다. 그렇게 저는 크로이츠펠트–야콥병이라는 질환과 가까워졌고, 자연스럽게 더 깊은 질문을 품게 되었습니다.

'이 병은 왜 생기는가? 우리는 어디까지 이 병을 이해할 수 있을까? 그리고 무엇보다도, 막을 수는 없는 것일까?' 우리가 지금까지 알고 있는 크로이츠펠트–야콥병은 대부분 산발적 형태입니다. 유전도, 감염도 아닌, 말 그대로 '자연적으로' 발생하는 병입니다. 암이나 알츠하이머병처럼, 누구에게나 예고 없이 찾아올 수 있는 신경계의 자연재해 같은 존재이지요. 하지만 이 병을 일으키는 원인체는 독특합니다. 프리온^(prion)이라는 단백질 덩어리는 DNA나 RNA 같은 유전 물질조차 없이 오직 비정상적인 구조만으로 병을 퍼뜨립니다. 단 하나의 단백질이 다른 단백질을 모방하듯 구조를 바꾸게 만들고 그것이 연쇄적으로 일어나면서 뇌를 파괴하는 것입니다. 마치 도미노처럼요. 이 점에서 프리온병은 기존의 감염병이나 퇴행성 질환과는 전혀 다릅니다. 일반적인 감염병이 외부에서 침입한 병원체에 의한 것이라면, 대부분의 프리온병은 우리 몸 안에서 조용히 시작됩니다. 그리고 일단 시작되면, 치료나 회복 없이 진행되는 병이라는 점에서 더욱 위협적입니다. 그 단순하고 기이한 증식 메커니즘은 과학자들에게도, 의사들에게도 여전히 신비로운 영역으로 남아 있습니다.

1990년대 후반, 이 프리온은 다시 한 번 전 세계를 놀라게 했습니다. 유럽, 특히 영국에서는 광우병^(BSE)에 감염된 소의 고기를 섭취한 사람들 가운데 젊은 연령층에서 변형 크로이츠펠트–야콥병이 발생하기 시작했습니다. 원래는 동물에게만 있던 병이, 사람에게로 전염된 것입니다. 그들은 이유 없이 빠르게 치매 증상을 보였고 뇌는 구멍처럼 변하며 결국 사망에 이르렀습니다. 그 후 수십만 마리의 소가 아무 증상 없이도 예방적 차원에서 도살되었고, 그 광경은 뉴스와 다큐멘터리를 통해 전 세계에 생생하게 전해졌습니다. 쉽게 양질의 상품을 만들기 위한 인간이 만든 사료, 과도하게 산업화된 축산 시스템, 그리고 자연의 균형을 무시한 선택들이 만들어 낸 참극이었습니다. 최근 들어, 우리는 또 하나의 전 지구적 감염병을 경험했습니다. 바로 코로나19입니다. 바이러스와 프리온, 그 형태와 감염 경로는 다르지만 이 두 사건은 인간에게 같은 메시지를 전합니다. 자연과 조화를 이루지 못한 인간의 욕망은 결국 인간 자신에게 재앙으로 되돌아온다는 것입니다.

이 책은 바로 그 재앙을 어떻게 이해하고 어떻게 준비할 것인가에 대한 이야기입니다. 크로이츠펠트-야콥병이라는 병을 통해 저는 단지 하나의 진단을 넘어 우리가 직면한 자연과 과학, 의료와 사회의 경계를 다시 바라보게 되었습니다. 이 병은 단지 의학적 주제일 뿐 아니라 윤리적이고 철학적인 질문이기도 합니다. 이 책은 전문가뿐 아니라 일반 독자들도 쉽게 읽고 공감할 수 있도록 쓰였습니다. 병의 원인, 진단, 그리고 감염관리뿐 아니라 환자와 보호자의 마음, 사회의 인식과 편견까지 함께 담았습니다. 우리가 병을 바로 아는 것, 그것이야말로 두려움을 줄이고, 함께 책임을 나누며, 지혜를 만들어가는 첫걸음이기 때문입니다. 이 책이 그 걸음의 시작이 되기를 바랍니다. 그리고 이 여정을 함께해 준 가족과 동료들에게 진심으로 감사를 전합니다.

2025년 9월 어느 날 진료실에서
곽용태

| 차례 |

1장

그날의 수술:
크로이츠펠트–야콥병 환자를 접한 병원의 하루

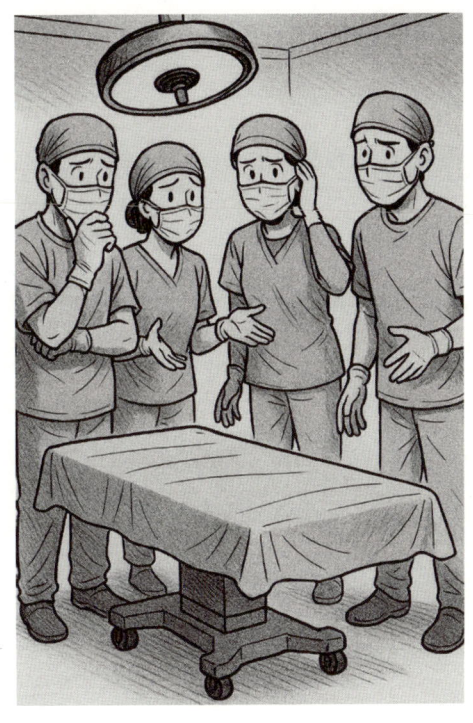

아침 회진이 끝나갈 무렵, 신경외과 김주현 교수의 휴대폰이 울렸습니다. 발신자는 병리과 이선영 교수였습니다.

"교수님, 지난주 뇌생검했던 환자 있죠? 결과 나왔습니다. 크로이츠펠트–야콥병으로 확정됐어요."

순간, 김 교수의 등줄기를 타고 한기가 훅 하고 올라왔습니다.

"…지금 뭐라고 하셨죠?"

"크로이츠펠트–야콥병입니다. 프리온 질환이에요."

그 이름을 듣자마자 김 교수의 머릿속에는 한 가지 생각만이 맴돌았습니다. '그 수술 도구, 지금 어디 있지…?'

오전 11시 15분 - 수술실

크로이츠펠트–야콥병 진단 사실은 곧장 병원 감염관리실로 전달됐고 수술실은 갑작스레 긴장 상태에 빠졌습니다. 담당 간호사였던 이은지는 수술 기록지를 뒤지며 외쳤습니다. "그날 쓰인 도구는 B세트였어요. 그런데… 지난주에도, 이번 주에도 그 세트로 수술을 두 번이나 더 했습니다!" 다들 숨이 멎는 듯한 정적이 흘렀습니다. 이 도구는 이미 두 명의 다른 환자에게도 사용된 상태였습니다. 프리온은 일반 멸균으로 제거되지 않는다는 것을 모두가 알고 있었습니다.

"혹시 크로이츠펠트–야콥병 멸균 전용 프로토콜은 적용됐나요?"

감염관리팀 박정우 과장이 물었습니다.

"아뇨… 그때는 진단이 안 나왔었어요. 그냥 일반 고압증기 멸균만 했습니다…."

"이럴 수가…."

누군가 중얼거리며 고개를 떨궜습니다.

오후 1시 30분 - 감염관리 긴급회의

회의실 안에는 신경외과, 감염내과, 병리과, 감염관리실, 병원장이 모두 모였습니다.

"해당 기구는 지금 바로 격리 조치하겠습니다. 나트륨 하이드록사이드 처리 후 134도 고온 멸균 예정입니다."

"그보다 중요한 건 두 명의 환자에게 이미 사용됐다는 겁니다. 이분들은 어떻게 해야 합니까?"

회의 분위기는 무거웠습니다. 감염 위험은 낮지만 '0'은 아니었습니다.

"설명을 해야 하나요, 말아야 하나요?"라는 윤리적 딜레마가 모두를 괴롭혔습니다.

"환자가 받을 충격을 고려해서 일단 고지를 미룰지, 진실을 고할지, 오늘 결정해야 합니다."

오후 2시 10분 - 병원장과의 대화

"우리는 의료기관입니다. 설명이 어렵더라도 오염된 도구로 수술하였던 환자에게 알릴 수밖에 없습니다."

병원장이 조용히 말했습니다.

"그리고 다시는 이런 일이 반복되지 않도록 도구 세트마다 추적 코드를 도입합시다."

오후 4시 50분 - 보호자와의 면담

오염된 도구로 수술한 환자 중 수술이 끝난 후 아직도 의식이 회복되지 않은 환자의 가족은 불안을 감추지 못했습니다. 그들에게 조심스럽게 상황을 설명하는 내내 의료진은 떨리는 마음으로 말을 이어 갔습니다.

"환자분이 사용하신 도구 세트가 크로이츠펠트-야콥병으로 확진된 환자에게 먼저 사용되었다는 사실이 확인되었습니다. 감염 위험은 극히 낮지만 가능성을 배제할 수 없습니다… 물론 이것이 현재 이 환자의 상태에 영향을 주지는 않았습니다."

보호자의 눈빛이 바뀌었습니다. 놀라움, 혼란, 그리고 분노가 교차하는 표정이었습니다. 하지만 동시에 의료진의 진심 어린 설명과 미안함이 전달되자 긴 숨을 내쉬며 고개를 끄덕였습니다.

"그렇다면… 앞으로 어떻게 해야 합니까?"

"증상이 없더라도 정기적으로 경과를 보겠습니다. 하지만 현재로서는 추가 조치가 필요한 상황은 아닙니다. 대신 저희 병원은 이번 사건을 철저히 기록하고 두 번 다시 이런 일이 없도록 제도를 개편

할 것입니다."

그날 밤

감염관리팀은 긴급 문서를 정리하고 있었습니다. 기구 사용 기록, 재사용 이력, 멸균 방법, 환자 노출 가능성, 사후 관리 계획까지 한 줄 한 줄 놓칠 수 없는 정보였습니다. 한편, 김 교수는 그날 수술 기록지를 다시 넘겨보며 창밖을 바라보았습니다.

"이게 영화 속 이야기였다면 얼마나 좋았을까…."

그리고 다음 날

병원은 크로이츠펠트-야콥병이 의심되거나 진단되기 전의 환자에게 뇌수술을 시행하는 경우 모든 뇌수술 기구 세트를 '환자별 단독 사용 후 멸균 보류'라는 새로운 지침으로 전환했습니다. 중앙소독실에는 프리온 의심 대응 매뉴얼이 배치되었고, 교육도 바로 시작됐습니다. 그리고 이미 노출된 환자에게는 충분한 설명과 정기적인 경과 관찰을 권유하였습니다. 김주현 교수는 이 모든 일이 끝난 후 혼자 말을 합니다.

"사람이, 내가 문제였지. 기구나 절차가 아니라……."

위 내용은 2013년 Infection Control and Hospital Epidemi-

ology 12월호에 실린 "Management of Neurosurgical Instru-
ments and Patients Exposed to Creutzfeldt-Jakob Disease"
논문을 바탕으로, 그 내용을 한국 의료 현장에 맞게 가상의 시나리
오로 재구성한 것입니다. 현재까지 국내에서 이런 사례가 공식적으
로 보고된 적은 없지만, 앞으로 이와 유사한 상황이 발생할 가능성
은 존재합니다. 한국은 이 논문에 실린 호주와 의료 환경이 같지는
않지만 이 증례에서 보듯 조직적이고 신속하며 무엇보다 정직한
대응이 필요할 것으로 생각됩니다. 크로이츠펠트-야콥병은 드물
고 예외적인 질환이지만, 의심 사례가 발생할 경우 병원 전체의 감
염관리 시스템을 시험하는 중대한 사안이 될 수 있습니다. 따라서
의료진뿐 아니라 일반인에게도 이 질환의 특징과 감염 가능성, 대
응 방식에 대해 알기 쉽게 안내하는 자료가 필요하다고 판단하여
이 책을 집필하였습니다. 이 첫 장은 우리나라에서도 언제든지 발
생할 수 있는 가상의 시나리오라고 생각하면 될 듯합니다.

 이 가상의 시나리오는 실제 벌어졌던 상황을 바탕으로 구성한 것
입니다. 이런 상황이 얼마나 당황스럽고 급박하였는지가 눈에 보
이는 듯합니다. 그만큼 이 질환은 개인뿐 아니라 공중 보건적으로
도 매우 중요하기 때문입니다. 하지만 일반인은 물론, 환자를 치료
하고 간병하는 의료인조차 이의 중요성이나 의미를 잘 모르는 경

우도 많습니다. 이 책은 크로이츠펠트-야콥병에 대한 기본적인 의학적 정보뿐 아니라, 의심 환자 발생 시 병원 시스템이 어떻게 작동해야 하는지, 그리고 환자·보호자와의 소통, 의료윤리, 감염관리의 실제까지 폭넓게 다루고자 했습니다. 독자 여러분께서 이 책을 통해 크로이츠펠트-야콥병이라는 질환뿐 아니라 의료와 인간, 그리고 책임의 무게에 대해 함께 생각해 보는 계기가 되길 바랍니다.

 요약박스 이것만은 기억하세요

✔ 프리온은 일반 멸균으로 제거되지 않으며, 감염 시 치명적인 질환입니다.

✔ 크로이츠펠트-야콥병 의심 환자에게 사용된 모든 기구는 '환자별 단독 사용 후 멸균 보류' 원칙이 필요합니다.

✔ 기구 추적 시스템과 명확한 감염관리 지침 없이는 병원 전체가 위험에 노출될 수 있습니다.

✔ 크로이츠펠트-야콥병 대응은 신속한 판단, 투명한 소통, 그리고 조직 전체의 책임 있는 자세가 핵심입니다.

2장

보이지 않는 감염체, 프리온이란 무엇인가?

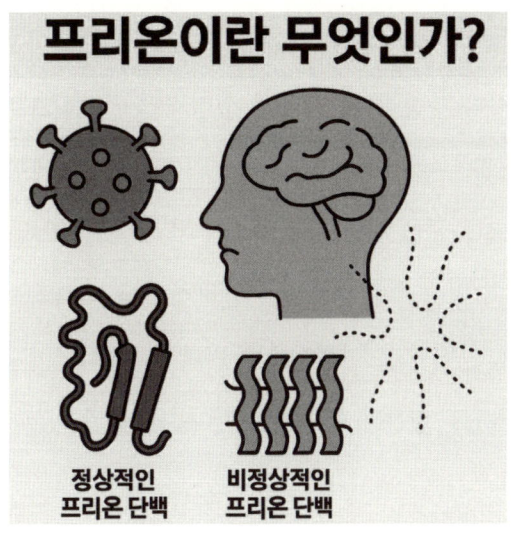

혹시 '프리온(prion)'이라는 단어를 들어보신 적 있으신가요? 처음 듣는다면 "프리온? 바이러스인가? 세균인가?" 하고 고개를 갸웃하실 수도 있습니다. 사실 대부분의 감염병 하면 흔히 세균이나 바이러스를 떠올리시는 게 자연스럽습니다. 감기 몸살이 오면 "아, 독감 바이러스가 들어왔구나", 상처가 곪으면 "이건 세균이 문제구나" 하듯 말입니다. 그런데 이보다 훨씬 더 작은데다, 한 번 들어오면 좀처럼 제거하기 어려운 '감염원'이 있다는 사실을 알고 계시나요? 게다가 이 녀석은 우리가 흔히 떠올리는 '미생물'도 아닙니다. 이름도 심상치 않은 '프리온'이 바로 그 주인공입니다. 프리온은 눈으로 확인이 불가능할 정도로 작고, 일반적인 멸균이나 소독으로는 쉽게 없애기 힘든 특징을 갖고 있습니다. 자, 여기서부터가 좀 흥미로운데요. 우리가 흔히 알고 있는 모든 생명체라고 정의되는 것들은, 심지어 가장 작은 단위의 생명체인 바이러스조차도 자신만의 유전물질(주로 RNA나 DNA)을 갖고 있어서, 숙주 세포 안에 침투한 뒤 그 유전물질을 기반으로 번식합니다. 반면 프리온은 이러한 유전물질조차 없습니다. 그럼에도 불구하고 몸속에 들어오면 주위의 '정상적인 단백질'을 연쇄적으로 변형시키면서 질병을 퍼뜨립니다. "어, 설계도도 없는데 어떻게 퍼진다는 거지?" 하고 궁금해지시지요?

핵심은 단백질이 '접히는(폴딩)' 방식에 있습니다. 우리 몸의 단백질은 긴 아미노산 사슬이 특정한 모양으로 접혀서 제 기능을 수행합니다. 예를 들어, 적혈구 안에 있는 헤모글로빈은 산소를 나르고 방출하기 알맞은 접힘 구조를 갖고 있지요. 그런데 이 접힘 구조가 조금이라도 어긋나면, 단백질이 전혀 다른 성질을 띠게 됩니다. 프리온 단백질(prion protein, PrP)은 원래 우리 뇌나 신체에 정상적으로 존재하는 것(이를 PrP^C라 부릅니다)인데, 특정 계기로 이 단백질이 비정상 형태(PrP^Sc)로 접히면 문제가 시작됩니다. 한 번 변형된 프리온은 주변의 정상 단백질까지 마치 "이렇게 접어야 해!" 하고 잘못된 과외를 하듯 연쇄적으로 변형시켜 버립니다. 결국 이런 비정상 단백질이 쌓이면 뇌조직에 구멍이 숭숭 뚫리는 치명적 질환으로 이어집니다. 현미경으로 보면 스펀지처럼 보인다고 해서 '스펀지형 뇌증(spongiform encephalopathy)'이라는 무시무시한 이름도 붙습니다. 무엇보다 놀라운 점은, 이 변형된 단백질이 너무 단단하고 끈질겨서 일반적인 멸균 방법으로도 쉽게 제거되지 않는다는 점입니다. 보통 바이러스나 세균은 고온·고압 멸균이나 살균제에 취약해 어느 정도 소멸되지만, 프리온은 이를 무시하듯 웬만한 열이나 약물로는 잘 사라지지 않습니다. 그래서 병원에서는 프리온 질환이 의심되는 환자를 수술했을 때, 수술 기구를 특별히 별도로 처리하거나 심지어 폐기해 버려야 하는 상황이 벌어집니다.

그렇다면 바이러스처럼 핵산이 없는 이 단백질 덩어리가 대체 어떻게 이렇게 강력할까요? 이것을 이해하기 위해서는 단백질의 접힘 구조가 얼마나 치밀한지 생각해 볼 필요가 있습니다. 비정상 프리온 단백질은 보통 정상 단백질보다 '베타 병풍'(beta sheet) 구조가 많아 단단하게 뭉치기 쉽습니다. 이를 비유하자면, 종이접기를 할 때 한두 번 접는 단순한 모양보다, 수십 번 정교하게 접어 만든 종이학이 훨씬 단단하고 잘 펴지지 않잖아요? 프리온 단백질이 비정상적인 접힘으로 바뀌면, 다시 예전 상태로 돌아가는 것이 거의 불가능할 정도로 안정적인(그러면서도 해로운) 상태가 되는 겁니다. 그리고 이 단백질은 주변의 다른 정상 단백질에게도 "야, 이렇게 접히는 게 우리 쪽이야!" 하고 꼬드겨서 죄다 비정상 형태로 만들어 버립니다. 면역체계가 "이런 이상한 단백질을 파괴해야겠다!" 하고 달려들면 좋겠지만, 문제는 프리온이 '원래 몸에 있던 단백질'이라는 점입니다. 살짝 다른 구조로 변형됐을 뿐이어서, 면역세포가 "이거 혹시 우리 편?" 하며 제대로 공격하여 제거를 못 하기도 합니다. 그 사이 프리온은 뇌세포를 좀먹고, 증상이 제대로 나타날 즈음이면 이미 뇌조직이 상당 부분 손상된 뒤이기 때문에 마땅한 치료제가 없는 상태가 됩니다. 여러분께서도 혹시 "크로이츠펠트-야콥병"라는 병명을 들어보셨다면, 이 질환이 얼마나 무섭고 치명적인지 대략 짐작이 가실 것입니다. 물론, 이것이 모든 감염병의 패턴을 뒤바꾼다는 뜻은 아닙니다. 우리가 흔히 앓는 감기나 폐렴, 또는 유행하는 독감 등은 여전히 바이러스와 세균이 주축을 이룹니다. 다만, 프리온은 "단백질 자체가 감염원이 될 수 있다"라는 전례 없던 이야기를 현실로 만들어, 과학계와 의학계에 커다란 충격을 선사했습니다. 이미 1997년에 이 분야 연구로 노벨상을 받은 스탠리 프루지너(Stanley B. Prusiner) 교수는, "유전물질이 없는 감염체도 존재한다"는 사실을 증명해, 그동안의 학설을 완전히 바꾸어 놓았습니다.

독자들 중에는 "프리온? 그거 광우병 얘기할 때 한 번 들어본 것 같아요!" 하고 떠올리시는 분들도 많으실 겁니다. 맞습니다. 1980년대 영국에서 커다란 소들이 뇌에 구멍이 뚫려 쓰러지면서 '광우병(Bovine Spongiform Encephalopathy, BSE)' 사태가 크게 이슈가 되었죠. 이 광우병의 원인 역시 소의 정상 프리온 단백질이 비정상 구조로 변형되어 다른 소들에게 전파되면서 시작되었습니다. 더욱 문제가 된 것은, 변형된 프리온을 사람이 섭취할 경우에 '변종 크로이츠펠트-야콥병'이라는 치명적 질환으로 이어질 수 있다는 사실이 알려지면서부터입니다. 이를 방치하면 사람에게 옮아 심각한 신경학적 손상을 일으키고 빠른 시간에 죽음으로 이른다고 하니, 전 세계가 발칵 뒤집힐 수밖에 없었습니다. 우리나라에서도 한때 '광우병 파동'이 올 정도로 사회적 관심이 높아진 적이 있었습니다. 영국을 포함한 유럽에서 비교적 많은 희생자가 나왔지만, 그 파동 덕분에 가축 사료 규정이 엄격해지고 수입 소고기에 대한 검역도 강화되었습니다. "왜 사료가 문제였나요?" 하고 궁금해하실 텐데요. 원래 소는 초식을 하는 동물인데, 단백질을 보충해 준다는 명목으로 소나 양에서 나온 동물성 단백질 사료를 섞어 먹였고, 그 과정에서 비정상 프리온이 소에서 소, 그리고 그 소를 먹는 인간에게까지 퍼진 것으로 알려집니다. 그러니까 인류가 굳이 샐러드를 먹는 소를 스테이크 먹는 소로 만든 셈이고, 그 부작용이 결국 인간에게 재앙으로 이어진 거죠.

"그래도 현대 의학이 이렇게 발전했는데, 크로이츠펠트-야콥병이나 변종 크로이츠펠트-야콥병에 대한 백신이나 치료법이 없을 리가 있나요?"라고 물으실 수도 있습니다. 아쉽게도 아직까지 프리온 질환을 근본적으로 막거나 치료하는 효과적인 약물은 개발되지 않았습니다. 단백질의 '잘못 접힘'을 되돌리거나, 이 과정을 원천적으로 봉쇄하는 것이 생각보다 훨씬 어렵기 때문입니다. 연구자들은 분자 수준에서 다양한 시도를 하고 있고, 동물실험을 통해 가능성을 모색하고 있지만, 단순히 "단백질을 불활성화하면 되겠지" 정도의 접근으로는 해결이 쉽지 않다고 합니다. 다만, 광우병 파동 이후로 세계 각국은 관련 규제를 크게 강화하였고, 가축 사료에 동물성 단백질을 넣는 행위를 엄격히 제한하고 있습니다. 수술 기구를 멸균할 때도, 프리온을 가정한 특수 소독 프로토콜을 갖추도록 했지요. 이처럼 전파 가능성을 사전에 차단하면, 질환이 대규모로 번지는 일을 막을 수 있습니다. 또 진단 기법도 발전해 MRI나 뇌파 검사, 뇌척수액 검사를 통해 의심 사례를 좀 더 신속히 포착할 수 있게 되었지요.

결국 이 '프리온'이라는 존재는, 우리가 미생물을 바라보던 고정관념을 단번에 무너뜨린 동시에 "지구상의 감염원은 참으로 다양하고도 교묘하구나"라는 사실을 깨닫게 해 줍니다. 게다가 웬만한 소독 방법으로는 잘 사라지지 않아서, 의료 현장에서는 늘 긴장감을 갖고 있어야만 합니다. 감염관리팀 입장에서는 "설마 우리 병원에 크로이츠펠트-야콥병 환자가 오지는 않겠지?" 하고 바라지만, 막상 의심 사례가 들이닥치면 다양한 지침과 절차를 떠올려야 합니다. 흔히 '단백질은 우리 몸을 구성하는 기본 재료'라고 배우셨을 텐데요. 그 재료가 엉뚱하게 접혀서 변신을 일으키면, 이렇듯 기존 감염병 못지않은 파급력을 가질 수 있다는 점이 참 놀라운 일입니다. 하지만 그렇기에 과학자들은 분자 수준에서 단백질 구조와 기능을 연구하고, 의학자들은 조금이라도 더 나은 진단·치료법을 찾으려 애쓰고 있습니다. 아직은 '결정적 한 방'을 찾는 데 시간이 걸리겠지만, 우리가 미리 알아야 할 것은 분명합니다. 즉, 단백질이 '잘못된 형태로 접히는 것'만으로도 심각한 감염 양상을 띨 수 있고, 한 번 감염되면 제거가 무척 어렵다는 사실입니다. 이처럼 작은 한 조각의 단백질이 우리에게 내미는 도전은 만만치 않습니다. 하지만 그만큼 흥미롭고, 앞으로 의학과 과학이 함께 풀어나가야 할 커다란 수수께끼인 것이죠.

'보이지 않는 감염체'라는 수식이 어울리는 프리온, 이 이야기가 조금은 여러분께 흥미롭게 다가갔기를 바랍니다. 앞으로 이 책의 다른 장들을 통해 더 구체적인 진단과 감염관리, 그리고 예방법 등을 알게 되신다면, 어느새 낯설기만 했던 프리온의 세계가 한층 친숙해지지 않을까 기대합니다.

🔍 **요약박스 이것만은 기억하세요**

✔ 프리온은 유전물질이 없는 단백질 감염체로, 일반적인 바이러스나 세균과 달리 단백질 구조의 변형만으로 질병을 퍼뜨릴 수 있습니다.

✔ 비정상 프리온 단백질(PrP^Sc)은 정상 단백질(PrP^C)을 연쇄적으로 변형시키며, 뇌에 치명적인 손상을 일으켜 스펀지형 뇌증(크로이츠펠트-야콥병 등)을 유발합니다.

✔ 프리온은 열·약물에도 잘 파괴되지 않아 소독·멸균이 어려우며, 의료 현장에서는 수술 기구 폐기나 특수 소독이 필요할 정도로 까다롭습니다.

✔ 광우병(BSE)과 변종 크로이츠펠트-야콥병의 원인이 바로 프리온이며, 이를 계기로 가축 사료 규제 및 감염관리 지침이 전 세계적으로 강화되었습니다.

3장

프리온 발견의 역사:
뉴기니에서 시작된 단백질의 반란

18세기 말, 영국의 시골 언덕. 여름 햇살이 넘실대는 들판 위, 한 농부가 느긋하게 양떼를 바라보고 있었습니다. 그런데 이상한 장면이 눈에 들어옵니다. 몇몇 양들이 나무에 머리를 박고, 바위나 헛간 기둥에 옆구리를 문지르며 온몸을 비틀고, 걷다가 휘청거리며 넘어지는 것이었습니다. 처음엔 '날파리가 들러붙었나?' 싶었지만 이 간지럼병은 시간이 지나도 사라지지 않았습니다. 결국 양들은 걷지도 못하고 쓰러져 죽었고, 농부들은 이 병에 '스크래피(scrapie)'라는 이름을 붙였습니다. '긁다(scrape)'에서 따온 이름이었죠. 스크래피는 사람에게 전염되지 않는다고 여겨졌기 때문에 병든 양은 아무렇지 않게 식탁에 오르거나 하인이나 가난한 이웃의 몫이 되었습니다. 슬프게도, 가난한 이들에게 주어진 음식에는 과학이 끼

어들 틈이 없었습니다. 다행인지 불행인지 그들 중 누구도 뚜렷한 이상을 보이지 않았습니다.

"자연이 그러하니…."

19세기 초 유럽 사람들에게 가축 질병은 신의 뜻이거나 계절 탓이었습니다. 양이 굶고 비틀거리는 걸 본 이들은 "그냥 늙은 양일 거야", "기생충이겠지"라고 넘겨 버렸습니다. 당시에는 병의 원인을 바이러스나 세균 같은 병원체로 설명하는 개념조차 낯설던 시절이었고, 고단한 일상을 살아가는 사람들에게는 보이지도 않는 병을 고민할 여유가 없었습니다. 그저 오늘 저녁거리를 마련하는 것이 더 급했으니까요.

그럼에도 불구하고 일부 수의사들은 이 병의 전염 가능성에 의문을 품었습니다. 특히 1930년대 후반부터 1940년대 초반, 스코틀랜드와 독일에서는 몇몇 수의사들이 병든 양을 건강한 양과 함께 우리에 넣고 경과를 지켜보았습니다. 몇 달 후, 건강하던 양들에게도 유사한 증상이 나타났고 그들은 이 사실을 기록으로 남겼습니다. 그러나 이 '관찰'은 당대 과학계의 주목을 받지 못했습니다. 아직 세균설이 본격적으로 받아들여지기 전이었고 병이 전염된다는 개념 자체가 생소했기 때문입니다. 게다가 '사람에게는 해가 없는 병'이라는 인식은 이 문제를 더더욱 묻게 만들었습니다. 스크래피는 그저 시골에서 간헐적으로 발생하는 기이한 병으로 남아 있었습니다.

하지만 몇몇 과학자들은 이런 특이한 질병에 지속적인 관심을 두고 있었습니다. 1960년대, 물리학자이자 생물학자였던 틱바 알퍼(Tikvah Alper)는 자외선을 이용해 병원체를 파괴하려는 실험을 반복했습니다. 일반적인 바이러스라면 자외선에 의해 유전물질이 손상되어 감염력이 사라져야 하는데 스크래피 병원체는 전혀 영향을 받지 않았습니다. 이 실험은 병원체가 유전물질 없이도 존재할 수 있다는, 당시로서는 급진적인 가능성을 제시했습니다. 같은 시기, J.S. 그리피스(J.S. Griffith)는 단백질이 병원성을 가질 수 있다는 이론을 수학적으로 모델링하며 '유전물질 없는 감염체'의 개념을 주장했습니다. 이는 훗날 프리온 이론의 사상

적 기반이 되었습니다.

20세기 초에도 이 병에 대한 본격적인 연구는 이루어지지 않았습니다. 독일과 영국의 몇몇 과학자들이 중추신경계의 변성 가능성에 주목했지만 병원체의 정체는 밝혀지지 않았습니다. 한 가지 분명한 사실은 이 병이 세균도 바이러스도 아닌 정체불명의 감염체에 의해 전파된다는 것이었습니다. 당시 막 등장한 '슬로 바이러스(slow virus)'라는 이론은 병원체가 아주 천천히 작용할 수 있다는 급진적인 아이디어였으나 명확한 증거가 없어 쉽게 받아들여지지 않았습니다.

그리고 1950년대 초반 미국. NIH(국립보건원)의 젊은 과학자 다니엘 칼턴 가이듀섹은 호주의 의사 빈센트 지(Vincent Zigas)로부터 온 보고서에 주목하게 됩니다. 파푸아뉴기니의 고산지대에 사는 포르(Fore)족이라는 소수 부족이 알 수 없는 병에 걸리고 있다는 것이었습니다. 특히 여성과 아이들에게서 발병했고, 그들은 발작적으로 웃다가 몸이 떨리고, 균형을 잃고, 결국은 사망에 이르렀습니다. 현지인들은 이 병을 저주나 주술의 결과로 여겼습니다. 처음에 이병을 접한 서구의 과학자들은 포르족에서만 나타나기 때문에 이것이 독특한 유전병의 일종으로 생각하고 접근하였습니다. 그러나 가이듀섹은 직감적으로 이 병이 유전적인 원인이 아니라 다른 생물학적 원인에서 비롯된다고 느꼈습니다. 그는 즉시 짐을 싸서 파푸아뉴기니로 떠났습니다. 정글과 협곡을 넘나들며 포르족과 함께 지낸 그는 원주민들에게 의약품과 옷, 장난감을 나눠 주며 신뢰를 얻었고, 아이들에게 영어 동화책을 읽어 주기도 했습니다.

그러던 중 그는 포르족의 독특한 장례 풍습을 알게 됩니다. 이들은 죽은 자의 몸(특히 뇌를 포함한)을 먹는 '의례적 식인행위'를 하고 있었고, 그 의식에는 주로 여성과 아이들이 참여했습니다. 이는 곧 그가 찾던 퍼즐 조각이었습니다. 가이듀섹은 사망자의 뇌조직을 미국으로 보내고, 동시에 현지에서 침팬지에게 이 조직을 주입하는 실험을 진행했습니다. 몇 개월 후, 침팬지도 유사한 증상을 보였습니다. 실험은 성공이었고, 그는 이 병이 전염에 의한 것을 입증하게 됩니다.

1976년, 그는 이 공로로 노벨 생리의학상을 받게 됩니다. 당시 언론과 학계는 그를 인류학자이자 과학자, 모험가로 칭송했고, 다큐멘터리 감독들은 그가 남긴 일기와 영상에 열광했습니다. 그러나 시간이 지나면서 그의 사생활에 어두운 그림자가 드리우기 시작했습니다. 그는 뉴기니와 폴리네시아에서 어린 소년들을 데려와 미국에서 함께 살았고, 그의 일기에는 이들에 대한 과도한 애정과 신체 접촉을 자랑하듯 묘사한 구절들이 있었습니다. 1996년, 그중 한 소년의 고발로 그는 아동 성추행 혐의로 기소되었고, 유죄 판결을 받았습니다. 과학계는 충격에 빠졌고, 그에 대한 인류애적 이미

지는 산산조각 났습니다. 그는 짧은 수감 생활을 마친 뒤 프랑스로 거처를 옮겨 살았고, 2008년 세상을 떠났습니다.

이제 무대는 샌프란시스코, 1970년대 후반 UCSF(캘리포니아대 샌프란시스코 캠퍼스) 연구실로 바뀝니다. 신경과 의사 스탠리 프루지너는 전형적인 감염 증상을 보이는 환자들의 뇌를 들여다보며 고민에 빠졌습니다. 전염은 되는데 병원체는 보이지 않았습니다. 그는 가이듀섹의 쿠루병 연구를 알고 있었지만 '슬로 바이러스'라는 실체를 알 수 없는 모호한 개념에 만족하지 않았습니다. 그는 단백질, 핵산, 지질 등 뇌 성분을 하나하나 분리하며 실험을 반복했고 어느 날 충격적인 결과를 마주하게 됩니다. "정제한 단백질만으로도 병이 전염된다." 그는 이 감염성 단백질에 '프리온(prion)'이라는 이름을 붙입니다. 이는 단백질(protein)과 감염체(infectious particle)의 합성어로, 기존 병원체 개념을 완전히 뒤엎는 것이었습니다. 프리온은 핵산 없이도, 오직 구조의 왜곡만으로 다른 단백질을 감염시키고 병을 일으킬 수 있었던 것입니다. 학계는 냉소적으로 반응했지만 그는 수많은 동물 실험을 통해 자신이 옳았음을 증명했고 결국 1997년 노벨 생리의학상을 수상하게 됩니다.

그러나 이야기의 끝은 아니었습니다. 1990년대 영국. 건강하던 소들이 갑자기 주저앉고, 눈이 흐려지고, 미친 듯이 떨다가 죽기 시작했습니다. 마치 스크래피에 걸린 양처럼 보였습니다. 문제는 이

소를 이용한 음식을 먹은 사람이 같은 증상을 보이며 사망하기 시작했다는 것입니다. 이는 전염병의 종간 장벽이 깨졌다는 의미였습니다. 쉽게 말하면 양은 양에게만 옮기고 소는 소에게만 옮기던 병이 이제는 소에서 인간으로 전염되는 것이지요. 이 병은 '변종 크로이츠펠트-야콥병'으로 명명되었고 프리온의 존재를 다시 세상의 중심으로 끌어올렸습니다. 원인은 단백질 사료였습니다. 양의 병든 뇌와 척수를 갈아 만든 사료를 소에게 주었고 그 소의 내장이 다시 사료로 순환되며 전염의 고리가 완성되었습니다. 정부는 늑장 대응으로 비판받았고, '죽음의 고기'라는 언론의 보도 속에 수십만 마리의 소가 살처분되었으며 전 세계는 영국산 소고기를 거부했습니다. 이후 과학자들은 프리온이 단지 희귀한 병을 일으키는 것에 그치지 않고 파킨슨병, 루게릭병(ALS), 알츠하이머병과 같은 퇴행성 질환도 유사한 방식으로 퍼질 수 있다는 가능성에 주목하게 됩니다. 잘못 접힌 단백질이 도미노처럼 정상 단백질을 감염시키는 것. 이를 프리온 유사 질환(prion-like disease)이라 부르며 2023년 독일 막스플랑크 연구소는 알츠하이머 병변이 실험 동물의 정상 조직으로 전이되는 모습을 영상으로 촬영해 이를 입증했습니다.

1976년, 가이듀섹은 쿠루병의 전염성을 밝혀낸 공로로 생리의학상을 받았고 1997년, 프루지너는 프리온이라는 개념을 분자 생물학적으로 정립한 공로로 같은 상을 수상했습니다. 그리고 한 명의 과학자가 간접적으로 세 번째 노벨상 수상자로 언급되곤 합니다. 바로 2002년 노벨 화학상 수상자인 쿠르트 뷔트리히(Kurt Wüthrich) 교수입니다. 뷔트리히 교수는 핵자기공명 분광법(NMR spectroscopy)을 통해 용액 상태에서 생체 단백질의 3차 구조를 분석하는 방법을 개발한 공로로 수상했지만 이 기술은 이후 프리온 단백질(PrPC vs PrPSc) 의 입체구조 비교 및 병리기전 연구에 결정적인 역할을 했습니다. 실제로 뷔트리히는 프루지너의 프리온 이론이 발표된 이후 프리온의 구조 분석에 참여했고, 단백질 구조 생물학을 통해 프리온 연구의 기초를 세운 핵심 인물로 평가받습니다. 그래서 일부 학계에서는 그를 '프리온 관련 세 번째 노벨상 수상자'로 부르기도 합니다.

오늘날 과학자들은 프리온을 단지 병을 일으키는 이상 단백질로만 보지 않습니다. 효모와 곰팡이에서는 [PSI+], [URE3] 같은 프리온이 생리적 기능을 수행하며 후대에까지 전달되는 '비유전적 유전' 현상이 관찰됩니다. 심지어 면역계에서는 MAVS라는 단백질이 프리온처럼 작동하여 바이러스 반응을 증폭시키는 역할을 합니다. 프리온은 정보의 저장과 전달이라는 측면에서 '단백질 기반의 새로운 언어'로 재해석되고 있는 셈입니다. 프리온의 전파 메커니즘은 아직 완전히 규명되지 않았고 프리온 유사 질환의 정확한 분류와 치료법도 여전히 과제로 남아 있습니다. '단백질 구조의 잘못된 접힘을 어떻게 막을 수 있을까', 혹은 '원래대로 되돌릴 수 있을까'

는 수많은 과학자들이 매일같이 고민하는 질문입니다. 가이듀섹과 프루지너, 그리고 뷔트리히라는 세 명의 과학자는 각기 다른 방식으로 이 작은 단백질을 추적했고 그 과정은 과학의 영광과 인간의 그림자를 모두 담고 있습니다. 프리온-그 이름은 지금도 세계의 연구실과 병원, 그리고 식탁 위에서 여전히 긴장과 호기심을 불러일으키고 있습니다.

 ## 요약박스 이것만은 기억하세요

✔ 프리온은 유전물질 없이 단백질 구조의 변형만으로 감염을 일으키는 병원체로, 기존 병원체 개념을 뒤흔든 존재입니다.

✔ 포르족의 쿠루병, 광우병과 변종 크로이츠펠트-야콥병은 프리온에 의해 발생하며 식인 풍습과 동물성 사료를 통해 전염되는 특성을 가집니다.

✔ 프리온은 알츠하이머병, 파킨슨병, 루게릭병 등과 같은 퇴행성 뇌질환의 전파 방식과 유사하다는 점에서 '프리온 유사 질환' 연구로 확장되고 있습니다.

✔ 현대 과학은 프리온을 단순 병원체가 아닌, 정보 저장과 전달 기능을 가진 단백질로 재해석하며 생리적 역할에 대한 탐구를 이어 가고 있습니다.

4장

식인과 유전자의 비밀:
쿠루 이후 포르족에게 남겨진 이야기

"사람이 사람을 먹었다고요?"라는 충격과 함께 시작되는 식인

(cannibalism)의 이야기는 단지 과거의 잔혹한 풍습이나 오지의 부족에 관한 이야기가 아닙니다. 그것은 인간이 어떻게 살아왔고 어떤 방식으로 공동체를 지키려 했으며 질병과 어떻게 맞서 왔는지를 보여 주는 복합적인 문화적, 생물학적, 그리고 인류학적인 이야기입니다. 특히 파푸아뉴기니의 포르(Fore)족과 그들에게 닥쳤던 쿠루(Kuru)라는 병은 식인이라는 행위가 인간 유전자의 다양성과도 밀접하게 연결되어 있었음을 알려 주는 놀라운 사례이기도 하지요.

2010년, 한 프리온 전문 과학자가 포르족 마을을 찾았습니다. 그는 30년 전 쿠루에 걸려 죽어 갔던 환자들과 살아 있는 여러 부족 사람들의 유전자 샘플을 들고 이 땅을 떠났던 젊은 연구자였습니다. 이제는 흰 머리를 단정히 빗은 중년의 과학자가 되어 돌아온 것이었습니다. 땅은 변했고 아이들은 자라 어른이 되었지만, 마을 어귀의 낡은 나무 아래에는 여전히 마사(Masa)라는 이름의 아주 늙은 여인이 자리를 지키고 있었습니다. 마사는 90세가 다 된 노인이었지만 여전히 맑은 눈을 하고 있었습니다. 그녀는 연구자의 얼굴을 기억하지 못했지만 연구자가 조심스럽게 "예전에 쿠루 이야기로 왔던 사람입니다"라고 말하자, 그녀의 눈이 가늘게 웃으며 반겨 주었습니다. "당신은 조상의 말을 믿으시나요?" 그녀의 첫마디는 다소 뜻밖이었습니다. "우리는 조상의 뜻을 따랐을 뿐이에요. 죽은 이는 몸으로 남고, 우리는 그걸 나누어 먹으며 그 사람을 마음에 다시 품는 거였지요. 그것이 나쁜 일이라고는 정말 꿈에도 몰랐습니다." 과학자는 조심스럽게 물었습니다. "그런데 왜 마사 어르신은 살아남으셨을까요? 함께 그 자리에 있던 친구분들은 왜 그렇게 일찍…?" 마사는 잠시 말을 멈췄고, 부드럽게 허리를 폈습니다. 마치 기억을 접어 두었던 서랍을 여는 것처럼 보였습니다. "그 애들은 나보다 더 자주, 더 많이, 더 깊이 몸을 나눴지요. 저는 아이들을 챙기느라 항상 마지막이었고, 어떤 날은 입에도 대지 못한 적도 있어요. 그래서 그런 걸까요. 저는 그냥… 살아남아 버렸습니다." 그녀는 말끝을 흐리며 나지막하게 말합니다. "살아남는 것도 죽은 것도 조상님의 뜻이 아닐까요? 물론 이제는 그 뜻도 알 방법이 없지만 말입니다…."

이 장면은 중년을 맞은 과학자와 그의 연구 대상이었던 어떤 사람과의 단순한 회상이 아닙니다. 그것은 한 문화가 질병과 맞서 온 방식이며, 동시에 공동체를 유지하려는 인류의 본능적인 행동이었습니다. 인류학자들이 식인을 바라보는 시선은 단지 '야만'이 아니라, 그 사회가 죽음을 어떻게 이해하고, 생명을 어떻게 이어 가려 했는지를 엿보는 창입니다. 마사와 그녀의 부족은 죽은 이를 섬기는 방식으로 식인을 선택했고, 그것은 생명에 대한 경외와 기억의 의식이었습니다. 현대인의 관점에서는 그것이 비합리적으로 보일 수 있지만, 마사에게는 사랑과 연결, 그리고 전통이었습니다.

이제 우리는 알게 되었습니다. 마사와 그녀의 친구분들을 갈라놓았던 건 조상의 뜻도, 마법도 아닌 유전자의 구조였습니다. PRNP라는 유전자는 우리 몸에 있는 '프리온 단백질(prion protein)'을 만드는 유전자로, 이 단백질은 원래는 정상적으로 뇌세포의 기능에 관여하는 단백질입니다. 그런데 이 단백질이 비정상적으로 접히면 프리온이라는 무시무시한 감염원이 되어 뇌를 파괴하는 쿠루나 크로이츠펠트-야콥병 같은 병을 일으킬 수 있게 됩니다. PRNP 유전자 중에서도 특히 129번째 아미노산이 중요한데, 여기에 들어가는 재료가 메티오닌(Met)일 수도 있고, 발린(Val)일 수도 있습니다. 사람마다 이 위치에 어떤 아미노산이 있는지가 다르기 때문에, Met/Met, Val/Val, 또는 Met/Val 같은 조합이 생깁니다. 여기서 과학이 밝혀낸 놀라운 사실은 Met이나 Val 하나만 가진 사람은 프리온이 들어왔을 때 단백질이 비정상적으로 쉽게 접히고 전파되기 쉬운 구조를 가지는 반면, Met과 Val이 함께 있는 이형접합자는 단백질 구조가 서로 달라서 프리온이 퍼지기 어렵다는 것입니다. 다시 말해, Met/Val 이형접합자는 프리온에 훨씬 강한 저항성을 가지게 됩니다. 마사는 바로 이 유전형을 가진 분이셨던 것이었습니다.

세계 여러 민족의 PRNP 129 유전자 분포를 보면, 한국인 Met/Met의 분포가 92~96%, Met/Val(MV)은 약 4~8%, Val/Val(VV)은 0%에 가깝다고 합니다. 유럽인들은 Met/Met과 Met/Val이 거의

반반이고, 포르족 쿠루 생존자들 중에는 Met/Val이 무려 60~70%까지 이릅니다. 이것은 단순한 우연이 아닙니다. 바로 자연선택이 작동한 흔적이지요. 쿠루라는 질병이 퍼질 당시, Met/Met이나 Val/Val만 가진 사람들 중 많은 사람들은 병에 걸려 일찍 사망하였고, 살아남은 사람들은 대부분 Met/Val이었습니다. 다시 말해, 이 병이 한 집단에 선택 압력으로 작용했고, 그 결과 Met/Val이라는 유전형이 살아남기 좋은 형질로 자연스럽게 선택된 것입니다. 이것을 '균형 선택(balancing selection)'이라고 부릅니다. 하나의 유전형이 생존에 지나치게 불리하면 사라지게 되지만, 두 가지가 같이 존재할 때 생존에 유리하다면, 그 둘은 세대를 거쳐 함께 살아남게 되는 것입니다. 마사의 유전자는 바로 그 균형의 산물이었습니다. 그렇다면 이제 더 이상 식인을 하지 않는 포르족의 유전자에는 어떤 일이 일어날까요? 예전에는 쿠루가 존재했기 때문에 Met/Val 유전형이 생존에 유리했지만, 이제 그 질병이 사라졌다면 그 유전형이 더 이상 특별히 유리하다고 할 수는 없습니다. 시간이 지나면 Met/Val의 비율도 천천히 줄어들 수도 있습니다. 식인이 사라짐으로써 질병은 사라졌고, 유전자의 선택 압력도 함께 사라진 것입니다. 그러나 유전자는 기억합니다. 그리고 그 흔적은 오늘날에도 우리에게 많은 이야기를 들려주고 있지요.

재미있는 사실 하나. 어떤 인류학자들은 PRNP 유전자 분포를 통해 과거 식인 문화가 있었는지를 추정하기도 합니다. 물론 유전자만으로 식인 풍습이 얼마나 성행하였는지를 단정할 수는 없지만, Met/Val이 유독 높은 지역이 있고 그 지역에 과거 프리온병이 유행한 흔적이 있다면, "여기선 뭔가 있었던 것 같다"는 추정을 할 수는 있습니다. 실제로 고대 유럽인의 DNA를 분석한 연구에서는 오늘날보다 Met/Val 비율이 더 높았던 흔적도 발견된 바 있습니다. 고대의 어떤 공동체가 전염병에 맞서거나 장례문화를 지키기 위하거나, 아니면 진짜로 식용 목적이었든 식인을 했을 가능성이 있다는, 조용한 단서일지도 모릅니다. 반면 우리 조상들은 아마도 일찍 그런 풍습에서 벗어나 있었는지도 모릅니다. 마사의 몸속에는 과거의 풍습, 조상의 기억, 생존의 흔적이 함께 담겨 있었습니다. 그 유전자는 병을 막았고 기억은 역사를 남겼습니다. 그리고 오늘날, 우리는 그 유전자의 분포를 통해 수천 년 전의 문화와 질병, 그리고 인간의 진화를 되돌아볼 수 있게 되었습니다. 문화는 사라질 수 있지만 유전자는 기억합니다. 그리고 과학은 그 기억을 다시 읽어 내는 방법을 알고 있습니다.

과학자는 마지막 인사를 건넨 뒤 조용히 뒷산 자락을 따라 난 좁은 길을 걸었습니다. 마사는 그녀 특유의 잔잔한 미소로 손을 흔들었고, 그 모습은 마치 오래전 사라진 누군가를 배웅하는 듯했습니다. 해는 점점 낮아졌고, 빛은 붉게 기울며 땅을 감쌌습니다. 숲의 그림자가 길어지고 새들의 울음소리가 느리게 들릴 즈음, 과학자는 혼잣말처럼 중얼거렸습니다.

"어쩌면… 조상님이 옳았을지도 모르겠습니다. 당신에게도, 이미가 버린 사람에게도요."

그리고 그는 고개를 숙여 마지막 인사를 남기듯 깊이 숨을 들이마신 뒤 조용히 돌아섰습니다. 그의 뒷모습을 감싼 바람은 오래된 기억과 새로운 이해 사이를 잇는 다리처럼 마을로 불어 내려갔습니다.

5장

크로이츠펠트-야콥병의 종류들: 이름은 어렵지만 이야기는 흥미롭습니다

뇌에 생기는 병 중에서 이름부터 낯설고 어려운 병이 있습니다. 바로 '크로이츠펠트-야콥병'입니다. 처음 들으면 외국 과학자의 이름 같고 실제로도 그렇습니다. 1920년대 독일의 의사 한스 게르하르트 크로이츠펠트와 알폰스 야콥이 처음 이 병을 보고했기 때문에 양쪽 이름을 따서 이렇게 이름 붙여졌습니다. 그런데 이 병은 단순히 오래된 병이 아닙니다. 지금도 전 세계에서 조금씩, 그리고 갑자기, 예상치 못하게 발생하고 있는 미스터리한 병입니다. 게다가 그 원인은 우리가 잘 아는 세균이나 바이러스가 아니라 프리온이라는 특별한 단백질이란 점에서 더욱 놀랍습니다. 자, 그럼 이 어려운 이름의 병, 크로이츠펠트-야콥병, 도대체 어떤 병이고 어떤 종류들이 있는지 하나씩 살펴보겠습니다. 그리고 실제 한국에서 있었던 사례도 함께 소개하겠습니다.

1. 산발성 크로이츠펠트–야콥병: 예고 없이 찾아오는 병

크로이츠펠트–야콥병에는 여러 가지 유형이 있지만 그중에서도 가장 흔한 형태는 바로 산발성 크로이츠펠트–야콥병입니다. 전체 크로이츠펠트–야콥병 환자의 약 85~90%가 여기에 해당하며 인구 100만 명당 약 1명꼴로 발생한다고 알려져 있습니다. 매우 드문 병이지만 전체 크로이츠펠트–야콥병 중 압도적으로 많은 비율을 차지하기 때문에 결코 가볍게 볼 수는 없습니다. '산발성 크로이츠펠트–야콥병'라는 이름 그대로, 이 병은 아무런 예고 없이 이유도 없이 찾아옵니다. 유전병도 아니고 감염이나 수술 이력도 없는데 뇌 속의 프리온 단백질이 갑자기 잘못 접히면서 병이 시작되는 것이죠. 그 누구도 예상할 수 없고 뚜렷한 위험 요인도 없는 이 병은 불시에 발생합니다. 그래서 더욱 무섭고 당황스럽습니다. 어느 날까지 멀쩡하던 사람이 갑자기 말이 어눌해지고, 멍한 표정을 짓고, 멀쩡하던 성격이 변하고, 사람이나 장소를 혼동하기 시작합니다. 초기 증상은 치매나 우울증, 혹은 단순한 노화로 오해하기 쉬울 정도로 미묘합니다. 기억력이 조금 떨어진다거나, 의욕이 없고 감정 기복이 심해진다거나, 어지러움이나 불안감 같은 증상으로 시작되는 경우가 많습니다. 그래서 처음에는 정신과를 찾거나 "요즘 스트

레스를 많이 받아서 그런 것 같다"는 말로 넘기기 쉽습니다. 하지만 산발성 크로이츠펠트-야콥병의 무서운 점은 바로 그다음 단계입니다. 이 병은 다른 어떤 치매보다 훨씬 더 빠르고 무섭게 진행되기 때문입니다. 마치 롤러코스터를 타는 것처럼 순식간에 무너져 내립니다. 발병 후 불과 몇 주에서 몇 달 사이에 환자는 말하기가 어려워지고, 걷는 동작이 어색해지고, 시선이 흐려지고, 방향 감각을 잃고, 때로는 헛것을 보거나 이상한 말을 하기도 합니다. 사물이나 사람을 인식하는 능력이 급격히 떨어지고 어떤 경우엔 이유 없이 웃거나 우는 등의 감정 통제 장애도 나타납니다. 이런 증상들은 신경학적으로 말하면 인지기능, 운동기능, 감각, 감정, 시각 등의 다양한 기능이 한꺼번에 무너지는 것인데, 겉으로 보기엔 그냥 "이상하다" 정도로 보일 수 있어 가족들도 처음엔 큰 병으로 인식하지 못하는 경우가 많습니다. 의료진에게도 산발성 크로이츠펠트-야콥병은 진단이 쉽지 않은 병입니다. 초기 증상은 워낙 다른 질환과 비슷하게 나타나고, 병의 진행은 너무 빨라서 판단을 그르치기 쉽습니다. 뇌파에서 이상 파형이 보이기도 하고, MRI에서 대뇌 피질이나 시상 부위에 고신호가 잡히는 경우도 있지만, 이것도 병이 어느 정도 진행된 뒤에야 확인되는 경우가 많습니다. 그래서 종종 뇌염, 뇌졸중, 자가면역 질환이나 뇌종양 등으로 오진되는 경우도 있고, 다양한 검사와 경과 관찰을 거치면서 결국 진단에 도달하게 됩니다. 그동안 가족은 환자의 빠른 변화에 혼란과 충격을 느끼고 의사도 마음속에서 여러 가능성을 저울질하며 조심스럽게 접근하게 되지요. 처음엔 가벼운 이상에서 시작되지만 일단 내리막을 타기 시작하면 속도가 급격히 붙습니다. 몇 주 안에 말이 어눌해지고 걷는 것이 힘들어지고 두세 달이 지나면 거의 대화가 불가능해지며 스스로 식사나 움직임조차 할 수 없게 됩니다. 중기에는 반복적인 경련, 시각 이상, 환각, 방향 감각 상실 등이 두드러지며 말기에는 거의 의식을 잃고 혼수상태에 빠지거나 폐렴 등 합병증으로 사망하는 일이 많습니다. 병 전체의 경과는 일반적으로 6개월에서 1년 이내이며 대부분은 발병 1년을 넘기지 못합니다.

안타깝게도 이 질환은 아직 치료제가 없습니다. 프리온 단백질의 비정상적인 접힘 자체를 막거나 되돌릴 수 있는 약물이 존재하지 않기 때문에 병의 진행을 멈추는 것도 속도를 늦추는 것도 현재로서는 어렵습니다. 증상을 완화하거나 환자의 안전을 지키는 지지적 치료가 전부입니다. 그렇기에 이 병을 진단받는 순간 환자와 가족 모두 큰 충격을 받을 수밖에 없습니다. 산발성 크로이츠펠트-야콥병은 그 특성상 누구에게나 어느 순간에도 생길 수 있다는 점에서 큰 경각심을 줍니다. 유전도 아니고 감염도 아니고 특별한 외부 요인도 없이 평범한 일상 속에서 갑자기 시작될 수 있는 이 병은 단지 희귀하다는 이유만으로 외면하기엔 너무나도 치명적입니다. 치매의 다른 원인들과 구별되는 특징을 알고 의심할 수 있는 눈을 갖추는 것이야말로 이 병을 처음 발견하고 대응하는 데 중요한 열쇠가 됩니다.

2. 유전성 크로이츠펠트-야콥병(fCJD): 가족력이 있는 프리온병

이제는 이름만 봐도 느낌이 오시지요? 유전성 크로이츠펠트-야콥병, 즉 familial CJD(fCJD)는 부모로부터 물려받은 유전자 이상으로 인해 발생하는 크로이츠펠트-야콥병입니다. 전체 크로이츠펠트-야콥병 환자 중 약 10~15%를 차지하며 흔하지는 않지만 분명히 존재하는 중요한 유형입니다. 프리온 단백질을 만드는 유전자인 PRNP 유전자에 특정 돌연변이가 생기면 이 단백질이 구조적으로 불안정하게 접히기 쉬운 형태로 바뀝니다. 그 결과 시간의 흐름에 따라 뇌세포 속 단백질이 점점 비정상 구조를 갖게 되고, 마침내 프리온 질환의 형태로 폭발하듯 증상이 시작되는 것이죠. 이런 돌연변이는 상염색체 우성 유전을 따르기 때문에 부모 중 한 명이 돌연변이를 가지고 있다면 자녀는 50% 확률로 유전 받을 수 있습니다. 물론 유전자를 가졌다고 모두 발병하는 것은 아니지만 상당한 확률로 40~60세 사이에 병이 나타나는 경우가 많습니다. fCJD는 대개 가족력이 있는 경우가 많습니다. 조부모나 부모, 삼촌, 형제자매 중 치매나 신경계 이상으로 사망한 이력이 있다면 의료진이 유전성 프리온병의 가능성을 떠올릴 수 있지요. 실제로 가계도를 그리고 PRNP 유전자 검사를 시행하면 조기에 진단할 수 있습니다. 하지만 안타깝게도 현재까지 이를 막거나 예방할 수 있는 방법은 없습니다. 유전성 프리온병에는 fCJD 외에도 몇 가지 무시무시한 병들이 포함됩니다. 대표적인 예가 바로 GSS 증후군(Gerstmann–Sträussler–Scheinker syndrome)과 FFI(치명적 가족성 불면증, Fatal Familial Insomnia)입니다. 이 이름들을 보면 마치 공포영화 제목 같기도 하죠. 특히 FFI는 '잠을 잘 수 없는 병'이라는 충격적인 특성을 가지고 있습니다. FFI는 처음엔 가벼운 불면증처럼 시작되지만 점점 잠을 아예 잘 수 없게 되면서 환각, 자율신경 이상, 운동 실조 등이 동반되고 결국 뇌 기능이 광범위하게 무너집니다. 그 어떤 수면제도 듣지 않으며 결국은 사망에 이르게 됩니다. GSS 증후군은 상대적으로 진행이 느린 편이지만 운동 실조와 치매, 균형 감각 저하, 행동 장애 등이 동반되며 수년간에 걸쳐 악화됩니다. 우리나라에서도 유전성 크로이츠펠트–야콥병은 드물지만 꾸준히 보고되고 있습니다. 질병관리청의 보고에 따르면, 2000년대 초부터 현재까지 수십 건 이상의 유전성 크로이츠펠트–야콥병이 유전자 검사를 통해 확인되었으며 일부 가족에서는 다세대에 걸쳐 같은 PRNP 돌연변이가 반복적으로 발견된 사례도 있었습니다. 가장 많이 보고된 변이는 E200K, D178N 등이며 이들은 해외에서도 빈도가 높은 유전적 돌연변이들입니다. 하지만 이런 병이 있다는 사실조차 모르는 경우가 많고, 가족력이 있더라도 "그냥 치매로 돌아가셨다"는 식으로 기록되는 경우도 많기 때문에 실제 발생률보다 적게 보고되고 있을 가능성도 적지 않습니다. 또한 유전자 검사를 받는 것 자체에 대한 두려움, 부담 혹은 가족 간의 갈등 등으로 인해 검사 자체를 꺼리는 경우도 있습니다. 진단을 위한 유전자 검사는 비교적 간단하게 이루어질 수 있고, 확진이 되면 가족 구성원에 대한 유전자 상담 및 검진, 예후 예측, 그리고 감염관리상 주의도 가능해지므로 의심되는 경우 조기 검사와 상담이 권장됩니다.

정리하자면, 유전성 크로이츠펠트-야콥병은 비록 드문 병이지만 '희귀함'이라는 이유로 간과할 수 없는 질환입니다. 특히 가족력이 있는 경우에는 경계심을 늦추지 말고 초기 증상을 정확히 인식하고 필요할 경우 유전자 검사를 고려해야 합니다. 현대 의학이 이 질병에 대해 점점 더 많은 것을 밝혀 가고 있는 만큼, 조기 인지와 관리는 환자 본인과 가족 모두에게 중요한 의미를 가질 수 있습니다.

3. 변종 크로이츠펠트-야콥병: 소고기를 통해 인간에게 온 프리온

이제는 좀 익숙한 이야기일 수도 있겠습니다. 바로 광우병과 관련된 이야기입니다. 변종 크로이츠펠트-야콥병이라고 불리며

1990년대 영국에서 광우병(BSE)에 걸린 소의 고기를 먹은 사람들 가운데 발생하면서 세상을 떠들썩하게 만들었습니다. 기존의 크로이츠펠트-야콥병과 달리 변종 크로이츠펠트-야콥병은 젊은 층에서 발병했고, 초기에는 정신적인 증상(불안, 우울, 감정 변화)으로 시작해 점차 치매, 운동 장애, 시력 저하 등으로 악화되었습니다. 전 세계적으로 200명 가까운 사망자가 발생했고 전 세계가 영국산 소고기 수입을 중단하는 사태로 이어졌습니다. 변종 크로이츠펠트-야콥병은 '프리온이 종을 뛰어넘을 수 있다'는 사실을 세상에 각인시켰고, 식품 안전에 대한 경각심도 함께 불러일으켰습니다.

4. 의인성 크로이츠펠트-야콥병(iCJD): 사람이 만든 비극

'의인성(iatrogenic)'이라는 말은 사람이 만든, 즉 인위적으로 발생한 병이라는 뜻입니다. iCJD 의인성 크로이츠펠트-야콥병은 의료 행위 중 우연히 프리온에 노출되어 생긴 크로이츠펠트-야콥병입니다. 예를 들어, 뇌막 이식, 성장호르몬 주사, 오염된 의료기구(특히 신경외과 수술 기구) 등을 통해 프리온이 사람에게 옮겨질 수 있습니다. 프리온은 열에도 강하고 일반적인 멸균 방식으로는 사멸되지 않기 때문에 이런 위험이 존재합니다. 의인성 크로이츠펠트-야콥병은 의학의 발전이 만들어 낸 예기치 못한 그림자였고, 이를 계기로 우리나라를 비롯하여 많은 나라에서는 프리온 관련 감염 예방 가이드라인이 마련되었습니다.

📌 국내 의인성 크로이츠펠트-야콥병 사례: 조용히 다가온 위험

2011년, 국내에서도 의인성 크로이츠펠트-야콥병 첫 확진 사례가 문헌에 정식으로 보고되었습니다. 환자는 1987년과 1988년에 뇌수술을 받았으며 이후 무려 24년 후에 크로이츠펠트-야콥병 증상이 발현되었습니다. 평균 잠복기가 약 12년인 의인성 크로이츠펠트-야콥병 사례 중에서도 매우 긴 잠복기를 보여 준 이 사례는 국내 보건 당국과 의료계에 커다란 충격을 안겼습니다. 이후 환자 기록을 면밀히 조사한 결과, 비슷한 시기에 뇌경막 이식을 받았거나 관련 수술을 받은 후 크로이츠펠트-야콥병으로 진단된 사례들이 더 발견되었습니다. 이처럼 한 사례가 밝혀지면서 그 이면에 더 많은 '숨겨진 환자'가 존재할 수 있다는 가능성이 제기된 것이죠. 질병관리청이 이에 대한 심각성을 인지하고 의뢰한 연구에 따르면 의심 혹은 확진된 국내 의인성 크로이츠펠트-야콥병 환자는 총 12명으로 보고되었습니다. 연구진은 이를 바탕으로 수학적 모델링을 시도했습니다. 일본의 유병률과 한국의 뇌경막 이식 건수를 기준으로 분석한 결과, 1980년부터 2020년까지 국내에서 발생했을 것으로 추정되는 의인성 크로이츠펠트-야콥병 누적 환자 수는 최대 29.7명에 이를 수 있다는 충격적인 결론에 도달했습니다. 하지만 이것은 이론적인 수치일 뿐 어떤 이유이든 더 이상 확진된 경우는 발견되지 않았습니다. 결론적으로 의인성 크로이츠펠트-야콥병은 '아주 드물게' 발생하지만 '완전히 막을 수 있는 인재(人災)'이기 때문에 더욱 철저한 관리가 요구되는 영역입니다. 우리 모두의 안전을 위해 병원과 보건 시스템이 얼마나 조심스럽게 움직여야 하는지를 상기시키는 대표적인 질환이기도 합니다.

✧ 한국에서도 발생하는 크로이츠펠트-야콥병

"이 병이 한국에도 있어요?"라는 질문을 자주 듣습니다. 네, 있습니다. 한국에서도 매년 20~40명의 크로이츠펠트-야콥병 환자가 발생하고 있으며 대부분은 산발성 크로이츠펠트-야콥병입니다. 질병관리청에 따르면 국내에서 확인된 유전성 크로이츠펠트-야콥병이나 의인성 크로이츠펠트-야콥병은 아직까지 매우 드문 편이지만, 가능한 감염 경로에 대한 대비는 철저히 이루어지고 있습니다. 2000년대 이후 국내에서도 여러 병원에서 크로이츠펠트-야콥병 사례가 보고되었고, 특히 수술 전후 병력, 가족력 확인, 프리온 멸균 관리가 강조되고 있습니다. 가끔은 치매나 다른 신경질환으로 오진 되었다가 뒤늦게 진단되기도 하기 때문에 의료진의 인식과 시스템이 중요합니다.

크로이츠펠트-야콥병은 참 이름도 길고 복잡해 보입니다. 하지만 이렇게 하나씩 뜯어보면 어렵지 않게 이해할 수 있습니다.

- 아무 이유 없이 생기면 산발성
- 가족력 있으면 유전성
- 소고기 때문이면 변종
- 의료 행위로 생기면 의인성

그리고 중요한 건 이 병은 단순히 교과서 속 이야기가 아니라 지금 이 시대에도 아주 적은 확률로 발생하고 있고, 우리도 그 위험을 완전히 무시할 수는 없다는 점입니다. 이제 누군가 "크로이츠펠트-야콥병이 뭐예요?"라고 묻는다면, 어렵지 않게 하지만 흥미롭게 이렇게 대답해 주면 됩니다. "아, 그거요. 뇌에 이상한 단백질이 생겨서 사람을 멍하게 만들고 결국은 움직이지도 못하게 만드는 병이래요. 원인도 다양해요. 어떤 사람은 그냥 생기고, 어떤 사람은 유전이고, 어떤 사람은 예전 소고기 때문에 생기고요. 수술 기구 때문에 걸리는 경우도 있어요. 무섭긴 하지만, 알아 두면 대처할 수 있는 병이에요."

요약 박스 이것만은 기억하세요

✔ 크로이츠펠트-야콥병은 프리온 단백질에 의해 발생하는 치명적인 뇌질환으로 원인에 따라 산발성(sCJD), 유전성(fCJD), 변종(vCJD), 의인성(iCJD) 크로이츠펠트-야콥병 으로 나뉩니다.

✔ 산발성 크로이츠펠트-야콥병은 예고 없이 발생하며 가장 흔하고, 유전성 크로이츠펠트-야콥병은 가족력과 PRNP 유전자 돌연변이로 발생합니다.

✔ 변종 크로이츠펠트-야콥병은 광우병에 걸린 소고기를 통해 전염되며, 의인성 크로이츠펠트-야콥병은 오염된 의료기기나 뇌막 이식 등 의료 행위로 인해 발생합니다.

✔ 크로이츠펠트-야콥병은 치료법이 없고 진행이 매우 빠르며 국내에서도 매년 수십 명이 발생하므로 조기 인식과 감염관리가 중요합니다.

6장

크로이츠펠트–야콥병은 어떻게 진단되는가?

크로이츠펠트–야콥병은 전 세계적으로도 드물고 국내에서도 연간 20~40건이 보고될 정도로 희귀한 병입니다. 하지만 그만큼 진단은 어렵고 오진되거나 뒤늦게 발견되는 일이 많습니다. 특히 초기에는 단순한 노화나 치매로 보이기 쉽기 때문에 의심하는 눈이 무엇보다 중요합니다. 이 장에서는 크로이츠펠트–야콥병의 진단 과정을 이해하기 쉽게 정리하고 실무자들이 알아 두면 좋은 검사 방법과 의뢰 흐름까지 한눈에 정리해 드리겠습니다.

1. 증상은 어떻게 시작되고, 어떻게 변하나요?

크로이츠펠트–야콥병은 일반적인 신경퇴행성 질환과는 조금 다르게 진행됩니다. 알츠하이머처럼 서서히 수년간 악화되는 병이 아니라 몇 개월 안에 급속히 진행되는 병이라는 점이 가장 큰 특징입니다. 일반적으로 크로이츠펠트-야콥병의 진행은 다음과 같은 순서를 따릅니다.

1) 인지기능 변화: 환자는 처음에는 기억력 저하, 방향 감각 상실, 혼란 등을 호소합니다. 평소보다 멍하거나 질문에 대한 반응이 느려지고, 이름을 잘 기억하지 못하는 등의 증상이 보입니다.

2) 운동 이상 증상: 이후에는 몸이 떨리거나 걷는 것이 어색해지고, 말이 어눌해지는 등 운동 기능의 이상이 동반됩니다. 근육이 경직되거나 비틀비틀 걷는 모습이 보입니다.

3) 시각 및 감각 이상: 일부 환자에서는 시야가 흐릿해지고, 복시 _(물체가 겹쳐 보임)나 시야 상실 등의 증상이 나타나기도 합니다.

4) 신경근 쇠약 및 혼수: 병이 진행되면 결국 반응이 거의 없는 상태가 되며 혼수상태에 빠지게 됩니다. 이 상태에 이르기까지는 수주에서 수개월 정도의 시간이 걸립니다.

가장 중요한 단서는 바로 "너무 빠른 변화"입니다. 평소 멀쩡하던 사람이 몇 주 사이에 급격히 퇴행한다면, 반드시 크로이츠펠트-야콥병을 포함한 급성 뇌병증 가능성을 고려해야 합니다.

2. 어떤 검사를 하나요?

크로이츠펠트-야콥병은 증상만으로 진단할 수 없습니다. 여러 가지 검사를 함께 활용해야 하며, 이를 통해 '가능성'을 좁혀 나갑니다. 다음은 크로이츠펠트-야콥병 진단에서 사용되는 대표적인 검사들입니다.

(1) 뇌 MRI

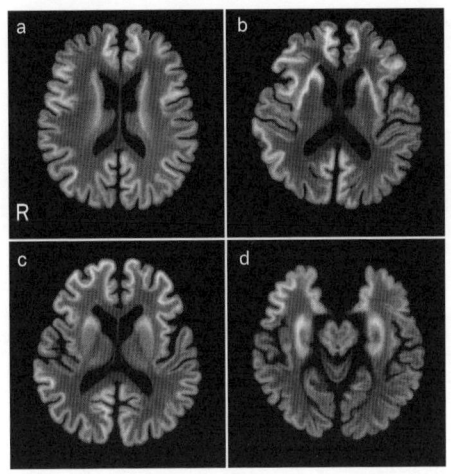

크로이츠펠트-야콥병에서는 확산강조영상(Diffusion Weighted Imaging, DWI)을 이용한 뇌 MRI가 매우 중요한 단서가 됩니다. 특징적으로 기저핵, 피질, 시상 부위에서 고신호(high signal)가 나타납니다. 특히 'cortical ribbon sign'이라 불리는 피질 띠 모양의 이상 신호가 보이면 크로이츠펠트-야콥병 가능성이 높습니다. MRI는 비침습적이며 가장 널리 쓰이는 초기 진단 도구입니다. 하지만 100% 민감하지는 않기 때문에 단독으로 확진은 어렵습니다.

(2) 뇌파 검사(EEG)

뇌파 검사에서는 크로이츠펠트-야콥병 환자에게서 전형적으로 주기적 극서파 복합체(periodic sharp wave complexes)가 나타날 수 있습니다. 이는 병이 꽤 진행된 단계에서 잘 관찰되며 진단에 도움이 됩니다. 하지만 모든 크로이츠펠트-야콥병 환자에게 나타나는 것은 아니고, 유전형이나 병의 시기마다 다를 수 있습니다.

(3) 뇌척수액(CSF) 검사

크로이츠펠트-야콥병 의심 환자에게는 뇌척수액 검사를 통해 여러 바이오마커를 분석할 수 있습니다. 대표적으로 사용되는 것은 14-3-3 단백질과 tau 단백질, 그리고 최근에는 RT-QuIC이라는 첨단 검사도 활용됩니다.

🔖 14-3-3 단백질: 신경세포 파괴가 빠르게 일어날 때 나오는 단백질로 민감도는 높지만 특이도는 낮습니다. 다른 뇌염, 뇌졸중에서도 나타날 수 있기 때문입니다.

🔖 RT-QuIC(Real-Time Quaking-Induced Conversion): 프리온 단백질이 존재하는지를 민감하게 잡아내는 최신 기술입니다. 감염된 단백질이 정상 단백질을 변형시키는 특징을 이용한 검사로 크로이츠펠트-야콥병 진단에서 가장 특이도 높은 검사 중 하나로 꼽힙니다. 국내에서도 일부 기관에서는 시행 가능합니다.

3. 확진은 언제 가능한가요?

크로이츠펠트-야콥병은 매우 조심스럽게 진단해야 하는 병입니다. 왜냐하면 확진은 원칙적으로 뇌조직 검사를 통해서만 가능하기 때문입니다. 하지만 뇌 생검은 매우 침습적이고 위험하며, 실제로는 거의 시행되지 않습니다. 대신에 '가능성 높은 의심'이라는 진단 범주로 환자를 평가합니다. MRI, EEG, CSF 검사, 임상 증상 등을 종합하여 '가능성 있음(probable)' 또는 '가능성 낮음(possible)'으로 진단하게 됩니다. 세계보건기구(WHO)와 질병관리청에서 제시한 기준을 따르면, 다음 조건을 충족하면 '가능성 있음 크로이츠펠트-야콥병'로 간주할 수 있습니다.

(1) 빠르게 진행되는 치매 양상
(2) 두 가지 이상의 전형적 신경 증상(운동 실조, 근간대성 경련 등)
(3) RT-QuIC 양성 또는 14-3-3 단백질 양성 + 전형적 뇌파나 MRI 소견

이러한 조합이 갖춰지면 실제 확진과 거의 유사한 임상적 판단을 내릴 수 있습니다.

4. 실무자가 알아 두면 좋은 '의뢰 흐름도'

병원에서 일하는 간호사, 임상병리사, 의무기록사, 혹은 1차 진료

기관의 의사라면, 크로이츠펠트-야콥병 의심 환자를 마주쳤을 때 어떻게 대응해야 할지 당황스러울 수 있습니다. 여기 아주 간단한 흐름도를 정리해 봤습니다:

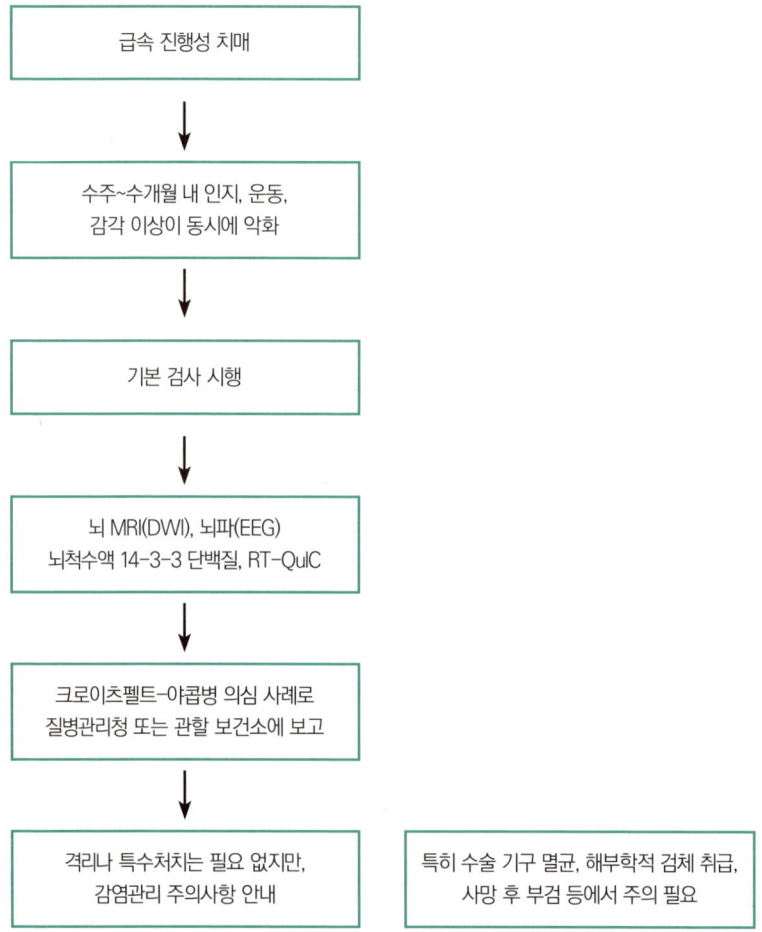

급속 진행성 치매

↓

수주~수개월 내 인지, 운동,
감각 이상이 동시에 악화

↓

기본 검사 시행

↓

뇌 MRI(DWI), 뇌파(EEG)
뇌척수액 14-3-3 단백질, RT-QuIC

↓

크로이츠펠트-야콥병 의심 사례로
질병관리청 또는 관할 보건소에 보고

↓

격리나 특수처치는 필요 없지만,
감염관리 주의사항 안내

특히 수술 기구 멸균, 해부학적 검체 취급,
사망 후 부검 등에서 주의 필요

요약박스 이것만은 기억하세요

✔ 크로이츠펠트-야콥병은 급속히 진행되는 드문 치명적 뇌질환으로 초기 증상이 치매와 유사해 조기 인식이 어렵습니다.

✔ 진단에는 뇌 MRI^(DWI), 뇌파^(EEG), 뇌척수액^(CSF) 검사와 RT-QuIC 같은 특이적 검사가 활용됩니다.

✔ 확진은 뇌조직 검사를 통해 가능하지만 대부분은 임상 증상과 검사 결과를 종합해 '가능성 있음'으로 판단합니다.

✔ 의심 환자 발생 시 정해진 검사와 진료 의뢰, 감염관리 절차에 따라 신속히 대응하고 보건당국에 보고해야 합니다.

7장

의인성 크로이츠펠트-야콥병: 의료행위로 감염되는 경우

크로이츠펠트-야콥병은 보통 자연적으로 생기는 병이라고 생각하기 쉽습니다. 하지만 일부 크로이츠펠트-야콥병은 우리의 의료행위, 즉 의학적인 시술이나 치료 과정에서 실수나 무지로 인해 감염되는 경우도 있습니다. 이런 경우를 의인성(infectious, iatrogenic) 크로이츠펠트-야콥병이라고 부릅니다. 이 장에서는 어떤 경로로 감염이 되는지, 과거와 최근의 실제 사례들, 그리고 우리가 무엇을 배워야 하는지에 대해 이야기해 보겠습니다.

1. 의료행위가 감염 경로가 되는 이유

크로이츠펠트-야콥병은 프리온(prion)이라는 단백질에 의해 발생합니다. 이 프리온은 끓이거나 소독을 해도 잘 죽지 않습니다. 일반적인 세균이나 바이러스는 소독하면 대부분 사라지지만, 프리온은 134℃ 고압멸균을 해도 일부 살아남을 수 있습니다. 그래서 의료기구나 인체조직 등을 통해 감염된 프리온이 다음 환자에게 옮겨지는 사고가 발생할 수 있습니다.

1) 뇌수술 기구로 인한 감염

가장 대표적인 의인성 크로이츠펠트-야콥병 감염 사례는 뇌수술 기구를 재사용하면서 발생한 경우입니다. 1950~1980년대 유럽과 일본에서는 감염된 환자의 뇌를 수술한 후, 동일한 수술 기구를 소독만 하고 다시 다른 환자에게 사용하는 일이 있었습니다. 하지만 프리온은 일반 소독으로 제거되지 않기 때문에 그 기구를 통해 크로이츠펠트-야콥병이 퍼졌습니다. 특히 영국과 프랑스에서는 이로 인해 여러 명의 환자가 감염되었고, 그중 일부는 수년 후에 증상이 나타났습니다. 왜냐하면 프리온 병은 잠복기가 매우 길어서 감염되고도 10~30년 후에 증상이 시작되는 경우도 있기 때문입니다.

2) 경막이식(dura mater graft)

또 다른 주요 감염 경로는 사망자의 뇌막^(경막)을 이식하는 수술이었습니다. 1980~1990년대에는 교통사고나 외상으로 머리에 구멍이 생긴 환자들에게 사체에서 채취한 경막을 이식하는 일이 많았습니다. 일본에서는 특히 유명한 Lyodura라는 제품이 널리 사용되었는데, 이 경막이 충분히 멸균되지 않은 채 수술에 사용되면서 수십 명의 환자에게 크로이츠펠트-야콥병이 전파되었습니다. 일본은 이 사건으로 인해 세계에서 가장 많은 의인성 크로이츠펠트-야콥병 환자가 발생한 국가 중 하나가 되었습니다. 경막 이식에 의한 감염은 100명 이상 보고되었으며, 그중 일부는 10~20년이 지난 후 발병했습니다.

3) 성장호르몬 주사

1950년대부터 1980년대까지 성장이 느린 아이들에게 사람의 뇌하수체에서 채취한 성장호르몬 주사를 투여하는 치료가 널리 사용되었습니다. 하지만 나중에 이 성장호르몬 추출 과정에서 프리온이 완전히 제거되지 않았다는 것이 밝혀졌습니다. 영국, 프랑스, 미국 등에서 수백 명의 아이들이 이 주사를 맞았고, 일부는 수십 년후 의인성 크로이츠펠트-야콥병으로 사망하게 되었습니다. 이 사건은 많은 나라에서 인체 유래 의약품의 안전성 검사를 강화하는 계기가 되었습니다. 이후 성장호르몬은 합성 기술로 대체되어 더는 인체 유래 제품이 사용되지 않게 되었습니다.

4) 수혈로 인한 감염 가능성

프리온은 혈액 안에도 소량 존재할 수 있다는 가능성이 제기되면서 수혈을 통한 감염도 우려되기 시작했습니다. 특히 영국에서는 광우병(BSE)과 관련된 변종 크로이츠펠트-야콥병 환자가 수혈을 통해 다른 사람에게 병을 전파한 사례가 보고된 바 있습니다. 물론 일반적인 크로이츠펠트-야콥병의 경우 수혈로 전파되는 경우는 아직 정식 보고된 바는 없습니다. 하지만 위험이 완전히 없는 것은 아니기 때문에, 영국과 일부 국가는 광우병 발생 시기 동안 수혈을 받은 사람의 혈액은 헌혈에서 제외시키는 등 예방책을 마련했습니다.

2. 최근의 재사용 사례와 우리가 얻은 교훈

최근에는 대부분의 선진국에서 프리온 감염 위험에 대한 안전수칙이 엄격하게 지켜지고 있어, 의인성 감염 사례는 극히 드뭅니다. 하지만 여전히 몇몇 의료기구의 재사용, 기록 누락, 오염된 조직 사용 등이 문제를 일으킬 수 있습니다.

✧ 실제 사례 1: 소독 안 된 내시경

몇 년 전 미국에서는 한 병원에서 뇌 생검에 사용된 내시경 기구를 제대로 멸균하지 않고 재사용한 사실이 드러났습니다. 이후 해당 기구로 시술받은 환자들은 모두 감염 여부에 대해 추적 조사를 받았고, 다행히 발병 사례는 없었지만 이 사건은 의료계에 프리온 관련 감염관리에 대한 경각심을 일깨워 주었습니다.

✎ 실제 사례 2: 경막 이식 이력 확인 누락

일본에서는 경막 이식으로 인한 크로이츠펠트-야콥병 환자가 2000년대 초반까지 계속 발생했습니다. 이들 중 일부는 경막 이식을 받은 지 수십 년이 지나 기록이 누락된 탓에 추적이 어려웠습니다. 이 사례는 장기적인 의료정보 관리의 중요성을 보여 줍니다.

3. 외국 사례 분석과 국내 대응 지침의 변화

이런 의인성 감염 사례들은 단순한 실수가 아니라, 의료시스템 전체의 안전관리 허점에서 비롯된 경우가 많습니다. 그래서 각국은 이런 사례들을 분석하여 지침과 시스템을 계속 보완해 나가고 있습니다.

1) 일본의 대응

경막 이식 사건 이후, 일본은 Lyodura 제품 사용 금지뿐 아니라 모든 인체유래 조직에 대해 추적관리 시스템을 도입했습니다. 또 경막을 대체할 수 있는 인공재료의 개발과 보급이 촉진되었고 환자에게 사전에 충분한 설명과 동의를 받는 절차도 강화되었습니다.

2) 영국의 대응

광우병 이후 영국은 수혈과 장기이식, 내시경 기구 관리에 대해 매우 엄격한 규제를 도입했습니다. 특히 수술 기구 중 뇌조직에 닿는 기구는 일회용을 권장하거나 프리온 전용 멸균 프로토콜을 반드시 적용하도록 하고 있습니다.

3) 한국의 대응: 질병관리청의 지침 변화

우리나라에서도 2000년대 이후 프리온 감염관리에 대한 관심이 높아졌고 특히 2010년대부터는 다음과 같은 대응 지침들이 만들어졌습니다.

프리온 의심 환자 진료 시 멸균 지침 강화

뇌조직 접촉 기구의 별도 관리 및 기록 보관

수술 기구 재사용 금지 또는 고온·고압 멸균 조건 명시

경막 등 인체조직 이식 시 사전 감염 여부 검사 및 추적 가능성 확보

의료기관 종사자 대상 교육 실시

또한 최근에는 의료기관 감염관리 전담부서 설치, 크로이츠펠트-야콥병 감염 감시 체계, 그리고 감염자 발생 시 신속한 보고와 조사가 가능하도록 법적 기반이 마련되어 있습니다.

4 결론: 기술이 아닌 '주의 부족'이 만든 감염

의인성 크로이츠펠트-야콥병 사례들을 보면 놀랍게도 감염 원인의 대부분은 기술의 부족이 아니라 '주의 부족'에서 비롯된 경우입니다. 의료진이 프리온의 위험성을 제대로 이해하지 못했거나 기록을 소홀히 하거나 소독 절차를 무시했기 때문입니다. 프리온은 특별한 생명체도 아니고 보기 어려운 유령 같은 존재이지만 그 파괴력은 상상을 초월합니다. 그리고 그것이 우리 손끝에서 다른 사람에게 옮겨질 수 있다는 점에서 단 한 번의 실수도 용납되지 않는 존재입니다. 지금은 더 나아졌습니다. 기구는 일회용으로 바뀌었고 기록은 전산으로 관리되며 이식재료도 더욱 안전하게 준비되고 있습니다. 하지만 크로이츠펠트-야콥병의 긴 잠복기를 생각하면 우리가 오늘 준비하는 안전조치가 10년, 20년 뒤의 누군가를 지킬 수도 있습니다. 이제는 기술의 시대를 넘어 신중함과 배려의 시대입니다. 의인성 감염을 다시는 반복하지 않기 위해 우리가 배운 교훈을 마음 깊이 새겨야 할 때입니다.

요약박스 이것만은 기억하세요

✔ 프리온은 일반적인 소독으로 제거되지 않기 때문에 과거 뇌수술 기구, 경막이식, 성장호르몬 주사 등을 통해 감염된 사례들이 보고되었습니다.

✔ 프리온 병은 잠복기가 길어 수십 년 후 발병할 수 있으며 의료 기록 누락이나 안전관리 미흡이 감염 확산의 원인이 되었습니다.

✔ 일본·영국·한국 등은 과거 사례를 반영해 기구 멸균, 조직 추적, 감염 예방 지침 등을 강화해 재발 방지를 위한 체계를 구축했습니다.

✔ 의인성 크로이츠펠트–야콥병은 기술 부족보다 '주의 부족'에서 비롯된 인재(人災)이며 의료현장의 철저한 인식과 예방이 무엇보다 중요합니다.

8장

광우병, 그리고 나의 기억:
과학과 감정이 충돌할 때

세상에는 잊히지 않는 기억이 있습니다. 의도적으로 덮으려 해도 머리 한켠에 조용히 남아 있다가 문득 되살아나는 기억. 저에게는 '광우병'이 그렇습니다. 단지 질병 이름이 아니라 대한민국이 과학과 감정, 사실과 공포 사이에서 격렬하게 흔들렸던 시기, 그리고 전문가로서도 개인으로서도 깊은 무력감을 느꼈던 기억입니다. 그 시절은 저에게는 아직도 하나의 트라우마처럼 남아 있습니다.

광우병, 즉 소해면상뇌증(Bovine Spongiform Encephalopathy, BSE)은 1980~90년대 영국에서 큰 충격을 안겨 준 질병입니다. 당시 수십만 마리의 소들이 이유 없이 쓰러지고 이상 행동을 보이다가 죽어 갔습니다. 나중에 밝혀진 원인은 충격적이었습니다. 소에게 소를 먹였다는 것이었죠. 단백질 보충을 위해 죽은 소의 뇌와 척수를 갈아 만든 사료를 먹인 것이 프리온이라는 정체불명의 단백질 질병을 퍼뜨린 원인이었습니다. 하지만 진짜 공포는 그다음에 찾아왔습니다. 그 소를 먹은 사람에게서도 병이 발병한 것입니다. 이른바 변종 크로이츠펠트-야콥병입니다. 이는 기존의 크로이츠펠트-야콥병과는 양상이 달랐습니다. 전통적인 크로이츠펠트-야콥병은 주로 노년층에서 산발적으로 발생하는 반면, 변종 크로이츠펠트-야콥병은 20~30대 젊은층에게서 나타났고 증상도 우울증, 불안 같은 정신증상으로 시작해 인지기능 저하, 실어증, 운동 실조, 경련 등으로 빠르게 악화되며 결국 사망에 이르는 진행성 치명 질환이었습니다. 그 원인은 다름 아닌 프리온이었습니다. 프리온은 바이러스나 박테리아와 달리 유전물질이 없습니다. 단백질 하나가 잘못 접히면서 생기는 이 비정상 단백질은 마치 바이러스처럼 스스로를 퍼뜨리며 뇌를 파괴합니다. 더 끔찍한 건 이 프리온이 음식 섭취를 통해 사람에게 전염될 수 있다는 사실이 밝혀졌다는 것입니다. 1996년, 영국에서 첫 변종 크로이츠펠트-야콥병 환자가 공식 보고되었고, 그 후 유럽, 미국, 일본 등지에서 230여 명의 확진 사례가 등장했습니다. 이 병은 그 자체로도 충분히 두려웠지만, '먹는 것을 통해 감염될 수 있다'는 점에서 대중에게는 더 강한 충격으로 다가왔습니다. '오늘 먹은 그 고기 한 점이, 십 년 뒤 나를 죽일지도 모른다'는 생각. 그 공포는 통계나 논문 몇 줄로는 설명이 되지 않았습니다.

그리고 2008년, 대한민국이 이 문제와 정면으로 마주하게 됩니다. 미국산 소고기 수입 재개를 두고 시작된 한미 FTA 촛불집회, 이른바 광우병 사태는 단순한 무역 갈등이 아니었습니다. 거리로 나선 사람들은 "과학적으로 안전하다"는 정부의 말을 믿지 않았고 오히려 "우리 아이들이 위험하다"는 감정적 외침이 도시를 뒤덮었습니다. 학생, 주부, 직장인, 노인까지 촛불을 들고 거리에 나섰고 그날의 구호는 지금도 선명히 기억납니다.

"우리 아이들에게 광우병 소고기를 먹일 순 없다."

그때 저는 신경과 의사였습니다.

병원에서는 변종 크로이츠펠트-야콥병에 대한 질문이 쇄도했고 환자들은 진료보다 뉴스에 나온 소문부터 확인하려 했습니다. 기자에게서 인터뷰 요청이 들어오기도 했습니다. "선생님, 광우병 진짜 위험한가요?" 그 순간, 저는 깊은 혼란을 느꼈습니다. 나는 이 병에 대해 제대로 알고 있는가? 나는 지금, 전문가로서 무엇을 말할 수 있는가? 솔직히 말하자면, 이 사태 이전에 산발성 크로이츠펠트-야콥병과 관련된 MRI 소견에 대해서 논문을 쓰고 몇 명의 환자들을 치료한 적은 있었지만 저 역시 산발성이 아닌 변종 크로이츠펠트-야콥병에 대해 구체적인 지식은 많지 않았습니다. 전공

서적에는 짧은 설명 몇 줄이 있었고 외국 논문을 들춰보며 공부한 적은 있지만, 임상 현장에서 변종 크로이츠펠트-야콥병 환자를 본 적도, 직접 진단해 본 적도 없었습니다. 우리나라에서는 이 병이 발견된 적이 없었습니다. 의사들조차도 말이 달랐습니다. 어떤 이는 "걱정할 필요 없다"고 했고, 어떤 이는 "100% 안전은 없다"며 조심스러웠습니다.

그 시절, 저도 많은 갈등을 겪었습니다.

과학자로서 냉정함을 유지해야 한다는 생각, 국민의 불안을 이해해야 한다는 인간적 감정, 그리고 정치와 언론이 뒤엉킨 혼란 속에서 과연 무슨 말을 해야 할지 모르는 무력감. 이 모든 감정이 뒤섞여 있었습니다. 그러나 시간이 지난 지금, 저는 그때 말하지 않았던 진실 하나를 반드시 기록해야겠다는 생각이 들었습니다.

그 당시 뿐만 아니라 아직도 우리는 직접 변종 크로이츠펠트-야콥병을 경험한 적은 없었지만, 우리는 변종 크로이츠펠트-야콥병에 대한 '상당히 정확한 정보'를 가지고 있었습니다. 영국과 유럽에서는 광우병 소의 위험 부위, 전파 가능성, 도축 기준, 감염 경로에 대한 연구가 다수 발표되어 있었고 국제 학술지에도 그런 정보는 꾸준히 축적되고 있었습니다. 다시 말해 우리 눈에는 보이지 않지만 무엇이 정설인지는 알고 있습니다. 물론 그럼에도 불구하고 누군가 "당신이 100% 책임을 질 수 있어?" 하면 입을 닫을 수밖에 없습니다. 그것이 정치와 과학의 차이입니다.

문제는 그래도 과학자는 과학을 말해야 하는데, 과학자 역시 사실을 제대로 말하는 사람이 없었다는 점입니다. 많은 과학자들, 의사들, 공중보건 전문가들이 그 진실을 알고 있었지만 입을 열지 않았습니다. 사회적 분위기 속에서 조심스러워졌고 일부는 논란에 휘말리기 싫다며 아예 거리를 뒀습니다. '애매하게 말해 봤자 누구도 듣지 않는다'며 체념하거나 '정치적 오해를 받을까?' 걱정하는 이들도 있었습니다. 그 결과 사실과 괴담이 구분되지 못한 채 사회 전체가 불안과 혼란 속으로 빠져들었습니다. 그 침묵의 대가는 작지 않았습니다. 수많은 경제적 손실, 외교적 충돌, 국민들 사이의 신뢰 붕괴, 사회적 비용은 폭증했고 과학에 대한 신뢰는 무너졌습니다. 그리고 더 안타까운 건 이와 유사한 일이 지금도 대한민국 곳곳에서 반복되고 있다는 사실입니다. 단지 광우병만의 이야기가 아닙니다. 백신, 원자력, 기후 위기, 유전자 편집, AI 의료기술, 교육정책 등등.

오늘날에도 우리는 여전히 진실을 말하지 않는 지식인, 말할 수 있었지만 침묵하는 전문가, 정치적 해석에 갇혀 버린 과학을 자주 마주합니다. 그리고 그때마다 우리는 또다시 불필요한 갈등과 두려움, 사회적 비용을 떠안습니다. 진실은 존재하지만 누군가 말하지 않으면 전달되지 않습니다. 과학은 설명해 줄 수는 있지만 설득

이 되지 않으면 아무 소용이 없습니다. 감정은 무조건 억제할 대상이 아니라 존중하며 함께 다루어야 할 문제입니다. 하지만 그에 앞서 전문가의 양심이 필요한 것입니다.

변종 크로이츠펠트-야콥병은 더 이상 대한민국을 위협하는 병은 아닐 수 있습니다. 하지만 그 병이 우리 사회에 남긴 그림자는 아직 사라지지 않았습니다. 그것은 불안이 어떻게 커지고 전문가 집단이 어떻게 실패할 수 있으며 진실을 말하지 않는 것이 어떤 결과를 낳는지를 보여 주는 하나의 사회적 교훈입니다.

9장

프리온과 퇴행성 뇌질환:
알츠하이머, 파킨슨병과의 연결고리

프리온 질환은 매우 드문 병입니다. 하지만 프리온이 보여 주는 독특한 메커니즘, 즉 단백질 하나가 접히는 방식이 바뀌었을 뿐인데 그것이 전염되고 퍼지고 결국 뇌를 무너뜨린다는 개념은 오늘날 퇴행성 뇌질환 전체를 바라보는 시각을 바꾸어 놓았습니다.

1. 단백질 오접힘: 전염이 아닌데 전염처럼 퍼지는 병들

알츠하이머병, 파킨슨병, 루게릭병(ALS), 헌팅턴병… 이 질환들은 오랫동안 각자 다른 뇌의 문제로 여겨졌습니다. 하지만 최근에는 공통된 메커니즘이 하나 주목받고 있습니다. 바로 단백질 오접힘(protein misfolding)입니다. 우리 몸의 단백질은 일종의 종이접기와도 같습니다. 정확한 형태로 접혀야 제 역할을 할 수 있는데, 한 번이라도 잘못 접히면 쓰레기처럼 쌓여 세포를 망가뜨립니다. 프리온 병에서는 그 잘못 접힌 단백질이 다른 단백질도 따라 접히게 만들며 병을 확산시킵니다. 놀랍게도 알츠하이머와 파킨슨병에서도 비슷한 일이 벌어집니다. 잘못 접힌 아밀로이드 베타$^{(A\beta)}$나 타우$^{(tau)}$, 알파시뉴클레인$^{(\alpha\text{-synuclein})}$이라는 단백질들이 이웃 세포로 이동하며 점차 병리적 단백질이 퍼져 나간다는 것입니다. 이것이 바로 프리온 유사 질환$^{(\text{prion-like disease})}$이라는 개념입니다.

2. 프리온과 알츠하이머: 아밀로이드의 전파 실험

2006년, 실험 쥐의 뇌에 인간의 알츠하이머 병변 조직을 주입한 실험에서 놀라운 결과가 나왔습니다. 쥐의 뇌에 병리적 아밀로이드 플라크가 생성되기 시작한 것입니다. 이는 단지 독성 물질의 반응이 아니라 구조적으로 잘못 접힌 아밀로이드가 쥐의 단백질까지 오염시키며 병을 퍼뜨린다는 증거로 해석됐습니다. 또한 최근 연구에서는 외과적으로 사람의 뇌조직 또는 뇌하수체에서 추출한 성장호르몬을 통해 알츠하이머 병리 단백질이 이식될 수 있었다는 보고도 나왔습니다. 이는 단백질성 병리가 물리적 경로로 전달될 수 있음을 보여 줍니다.

3. 파킨슨병과 알파시뉴클레인: 장에서 시작해 뇌로?

파킨슨병은 주로 뇌의 흑질에 존재하는 도파민 세포가 줄어드는 질환이지만 알파시뉴클레인(α-synuclein)이라는 단백질이 핵심 병리 인자로 지목되고 있습니다. 이 단백질이 신경 말단에서 축적되며 루이소체(Lewy body)를 형성하고 말초 신경에서 시작해 뇌줄기로 퍼지는 전개 방식이 프리온과 유사하다는 연구들이 쏟아지고 있습니다. 심지어 일부 연구는 장의 신경세포에서 병리 단백질이 시작되어 미주신경을 따라 뇌로 퍼진다는 가설도 제시합니다. 이는 환경 노출 물질이나 장내 미생물이 파킨슨병의 시작점이 될 수 있다는 가능성을 암시하기도 합니다.

4. 그 외의 질환들: 프리온 유사 패턴의 확장

루게릭병(ALS)의 경우 TDP-43, FUS 같은 단백질이 축적되며 세포사멸을 일으키는데, 이 단백질들도 세포 간 이동하며 병리를 퍼뜨릴 수 있음이 관찰됩니다. 헌팅턴병도 변형된 헌팅틴 단백질이 세포 간 전파된다는 실험적 증거가 존재합니다. 다발성 경화증(MS)이나 전측두엽 치매(FTD)도 일부에서는 프리온 유사 단백질의 관여 가능성을 연구하고 있습니다.

5. 정말 퇴행성 질환은 전염병이 될 수 있을까요?

일반적으로는 '아니오'입니다. 왜냐하면 프리온은 극도로 안정된 구조로 아주 특별한 경로(수술, 이식 등)를 통해서만 전파됩니다. 반면 알츠하이머나 파킨슨병은 유전, 환경, 노화 등 복합적인 원인으로 발생하지요. 하지만 중요한 점은 "구조적으로 잘못된 단백질이 주변 단백질까지 병리적으로 변화시킬 수 있다"는 원리가 이제는 퇴행성 뇌질환 전반에 적용되고 있다는 것입니다. 그리고 이 개념이 앞으로 새로운 진단법과 치료법의 열쇠가 될 수 있습니다.

6. 프리온 유사 질환 개념이 왜 중요한가요?

진단의 시기를 앞당길 수 있습니다. 초기 단백질 이상을 추적하면 조기 진단 가능성이 높아집니다. 또한 치료 타겟이 명확해집니다. 잘못 접힌 단백질의 확산을 막는 항체나 저분자 약물 개발하거나 전파 경로 차단을 통한 예방 전략을 수립할 수도 있습니다.

7. 연구는 어디까지 왔나요?

연구자들은 알츠하이머병 모델 생쥐에서 아밀로이드 베타$^{(A\beta)}$와 타우$^{(tau)}$ 단백질의 축적과 전이 과정을 실시간으로 관찰하기 위해 in vivo 다광자$^{(multiphoton)}$ 이미징 기술을 병리 단백질의 실제 이동 경로를 직접 확인함으로써 프리온 유사 전파 메커니즘에 대한 강력한 증거를 제시하였습니다. 최근에는 RNA 기반 기술, 항체 치료제, siRNA, CRISPR 유전자 편집 기술 등을 활용하여 이러한 병리 단백질의 생성과 전파를 차단하려는 다양한 연구가 활발히 진행되고 있습니다. 또한 프리온 단백 자체의 구조적 특성을 기반으로 비정상적인 접힘을 억제하거나 안정적인 접힘을 유도하는 분자 설계 전략도 개발 중에 있으며, 이는 향후 단백질 오접힘 질환 전반에 적용 가능한 새로운 치료 접근법으로 주목받고 있습니다.

8. 정리하며

우리는 지금 단백질이 전염된다는 상식을 넘어 단백질 구조가 질병의 운명을 결정짓는 시대에 살고 있습니다. 프리온은 극단적이고 예외적인 존재처럼 보이지만 그 원리는 결코 특별하지 않습니다. 오히려 이 원리는 알츠하이머, 파킨슨병, ALS 등 수많은 퇴행성 질환의 공통된 병태생리를 이해하는 열쇠가 되고 있습니다. 질병을 분자 구조의 언어로 다시 읽기 시작한 지금, 단백질은 더 이상 단순한 구성 성분이 아닙니다. 그것은 하나의 정보이며 기억이며, 미래를 바꾸는 코드가 될 수도 있습니다.

요약 박스 이것만은 기억하세요

- ✔ 프리온처럼 잘못 접힌 단백질이 퍼지는 현상은 알츠하이머, 파킨슨병, 루게릭병 등에서도 발견되어 '프리온 유사 질환'으로 불립니다.

- ✔ 아밀로이드, 타우, 알파시뉴클레인 등 병리 단백질은 세포 간 이동하며 병을 확산시킬 수 있음이 실험으로 확인되었습니다.

- ✔ 이들 질환은 전염병은 아니지만 단백질 이상이 병의 핵심이어서 조기 진단과 치료 타겟 개발에 중요한 실마리를 제공합니다.

- ✔ 최근에는 병리 단백질의 실시간 전파 영상화, RNA·항체 치료, 유전자 편집 기술 등 다양한 치료 연구가 활발히 진행되고 있습니다.

10장

경계를 넘는 병, 프리온

SCRAPIE

"만약 당신이 만난 멧돼지가 말을 걸어온다면, 어떤 반응을 보이시겠습니까?"

미야자키 하야오 감독의 애니메이션 〈원령공주〉에서 아시타카는

평화로운 고향 마을을 지키기 위해 나타난 재앙신 멧돼지를 막으려다 저주를 받습니다. 그런데 사실, 그 멧돼지는 원래 평범한 숲의 신이었습니다. 인간이 쏜 총알이 몸에 박힌 채로 분노와 고통 속에 몸이 뒤틀리며 정체불명의 변종 재앙으로 변해 버린 존재였지요. 그리고 이 멧돼지와 접촉한 주인공 아시타카는 팔에 상처가 생깁니다. 이는 해결할 수 없는 죽음에 이르게 할 저주로 작용합니다. 하지만 제가 보기에는, 이것은 치명적인 감염, 천천히 죽어 갈 수밖에 없는 프리온 감염과 아주 유사합니다. 프리온 질환은 양, 소, 고양이, 밍크, 사슴… 그리고 인간에게까지 퍼지고 있습니다. 말하자면, 숲에서 총알을 맞은 멧돼지처럼 인간의 욕망과 무분별한 간섭이 평범했던 단백질을 재앙으로 변모시키고 있다는 얘기입니다.

자, 그럼 프리온 질환을 따라가 볼까요? 이야기는 수백 년 전 유럽의 양들 사이에서 시작됩니다. '스크래피'라는 병에 걸린 양들은 끊임없이 몸을 벽에 비벼대고 비틀거리며 쓰러집니다. 뇌는 구멍이 숭숭 뚫린 스펀지처럼 변하고 결국 죽음을 맞이하죠. 이 병이 프리온병의 시작입니다. 처음엔 단순한 가축병이라 여겨졌지만 그 정체는 점점 더 무시무시한 진실로 다가옵니다. 그 뒤를 이은 건 소의 광우병(BSE), 그리고 그 소를 먹은 인간에게서 나타난 변종 크로이츠펠트-야콥병입니다. 그저 싸고 단백질이 풍부하다는 이유로 가공한 사료 속에 양의 찌꺼기를 섞었고 그것이 소로, 다시 인간으로 넘어온 겁니다. '종(種)의 경계'가 무너진 순간이었지요. 프리온은 우리가 무심코 먹은 음식 속에, 우리가 기르던 동물의 뇌속에, 우리가 살아가는 숲과 환경 속에 존재하고 있었습니다. 그리고 지금, 새로운 이름이 과학자들의 이마에 땀을 맺히게 하고 있습니다. 바로 광록병(CWD). 북미를 중심으로 확산 중인 이 병은 사슴, 엘크, 무스, 순록 같은 사슴과 동물들에게 퍼지고 있습니다. 감염된 사슴은 점점 야위고 눈빛은 멍해지며, 침을 흘리고 방향을 잃고 비틀대다 죽음을 맞이합니다. 더 무서운 것은, 이 병이 이미 야생으로 퍼졌다는 사실입니다. 감염된 사슴의 침, 오줌, 똥, 사체에서 나온 오염 물질은 숲의 흙과 물에 남아 수년 간 사라지지 않습니다. 바이러스나 세균과는 차원이 다르지요. 프리온은 열에도 강하고 소독약도 듣지 않고 자외선에도 멀쩡합니다. 자연 속에 숨어 있다가 때가 되면 다시 살아나는 '좀비 단백질'이라고 해도 과언이 아닙니다.

과학자들은 현재까지 프리온이 자연계에 얼마나 광범위하게 퍼져 있는지 정확히는 알지 못합니다. 하지만 기존 연구들에 따르면 북미 일부 지역에서는 야생 사슴 개체군의 40% 이상에서 CWD 감염이 의심되는 수준이라는 보고도 있으며 이 수치는 점점 더 늘어나는 추세입니다. 게다가 감염된 동물 주변의 토양이나 수로, 식생까지 오염 가능성이 있다는 점에서 우리가 보고 있는 것은 빙산의 일각에 불과할 수 있다는 우려가 나옵니다. 이는 생각해 보면 매우 심각한 상황입니다. 보이지 않지만 이미 퍼져 있는 감염원, 제거도 되지 않는 단백질, 그리고 종의 경계조차 무너뜨릴 수 있는 가능성. 프리온은 우리가 그 실체를 완전히 파악하기도 전에 이미 자연의 한 부분이 되어 버린 것일지도 모릅니다.

이제 궁금해지는 건 바로 이겁니다. "이런 광록병이 인간에게도 전염될 수 있을까요?" 현재까지 광록병으로 인한 인간 감염 사례는 공식적으로 보고되지 않았습니다. 하지만 그것이 '절대 안 된다'는 뜻은 아닙니다. 프리온의 잠복기는 매우 길고 증상이 드러나기까지 수년에서 수십 년이 걸릴 수 있습니다. 과거 변종 크로이츠펠트-야콥병 사례도 마찬가지였습니다. 초반에는 아무 문제가 없었던 사람들이 광우병 소고기를 먹은 후 10년쯤 지나서야 뇌에 이상이 생기고 그때서야 역학적 연관이 확인되었지요. 현재 미국과 캐나다에서는 CWD 발생 지역 주민들이 오염된 사슴고기를 섭취하지 않도록 강력히 권고하고 있습니다. 사냥으로 잡은 사슴은 반드시 검사를 받아야 하며 양성으로 나온 경우에는 절대로 식용으로 쓰지 말라고 안내하고 있습니다. 우리나라에서도 광록병은 결코 먼 이야기만은 아닙니다. 실제로 여러 사슴 농가에서 양성 판정이 반복적으로 나오고 있으며 이는 단지 농가의 문제가 아니라 생태계 전체의 문제로 이어질 수 있습니다. 특히 우리 사회에서는 한

동안 사슴의 뿔, 고기, 심지어 피까지도 건강식품이라는 명목으로 소비되었고 일부는 살아 있는 사슴의 피를 몬도가네식으로 다루는 장면도 연출되었습니다. 몸을 보호한다는 이유로 야생 동물의 장기를 가공하거나 의학적인 검증 없이 그대로 섭취하는 문화는 자신뿐 아니라 다른 사람에게도 큰 문제를 일으킬 수가 있습니다. 이런 행위가 질병의 경로가 될 수 있다는 점에서 과학은 물론 윤리적 차원에서도 반드시 재고되어야 합니다.

여기에 더해 최근 과학자들이 발견한 놀라운 사실이 하나 더 있

습니다. 2018년, 알제리와 튀니지 지역에서 사육 중이던 낙타에게서도 프리온병이 발견되었다는 보고가 나왔습니다. 이른바 'Camelpox-like TSE'라 불리는 이 질환은 광록병이나 광우병과 유사한 뇌병변을 보입니다. 이게 왜 이리 큰 문제가 될까 생각할 수도 있지만 낙타는 야생의 사슴과는 다릅니다. 우리야 낙타를 동물원에서 멀리 보는 존재로밖에 생각할 수 있지만 중동 사람에게 낙타는 인간과 밀접하게 교류하는 존재입니다. 이 낙타가 인간이 밀집한 곳에서 프리온병이 걸린 것이 발견된 만큼 향후 공중보건에 중요한 문제가 될 수 있다는 경고가 나오고 있습니다. 아직 전파 경로나 인체 감염 사례는 밝혀지지 않았지만 프리온의 종간 전파 가능성이 다시금 주목받고 있습니다. 또한 일부 연구자들은 일본, 중국 등지에서 너구리과 동물에서도 스크래피 유사 병변을 보이는 사례를 관찰했다고 보고하고 있습니다. 물론 아직 초기 단계의 연구이긴 하지만 프리온병이 예상하지 못한 종에서 출현할 가능성을 시사하는 의미 있는 단서입니다. 야생 너구리와 같은 야생 동물과 반려동물과의 접점이 늘어나는 사회에서, 이는 단순한 생물학적 발견을 넘어 인간-동물 간 건강 경계에 대한 고민을 요구합니다.

애니메이션인 원령공주에서 인간의 욕심이 만든 탄환이 자연의 신을 재앙신으로 바꾸었고 그 재앙은 결국 인간에게 저주로 돌아옵니다. 지금 프리온이라는 보이지 않는 저주도 혹시 이와 같은 길을 걷고 있는 건 아닐까요? 사슴의 병, 낙타의 병, 그리고 그다음에는 누구일까요? 프리온이 우리 주위를 맴돌면서 점점 더 가까이 다가오는 것 같습니다. 우리가 좀 더 이 병에 관심을 가져야 할 중요한 이유입니다.

 요약박스 이것만은 기억하세요

✔ 프리온은 잘못 접힌 단백질로 광우병과 vCJD에 이어 사슴에게 퍼지는 광록병(CWD)으로 확장되고 있습니다.

✔ 광록병은 침과 배설물로 자연을 오염시키며 잠복기가 길고 제거도 어려워 인간 감염 가능성에 대한 우려가 큽니다.

✔ 낙타·너구리 등 예상치 못한 동물에서도 유사 질환이 발견되며 야생동물 소비 문화에 대한 재고가 필요합니다.

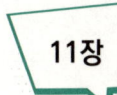

11장

보건 현장에서 알아야 할 프리온 감염관리

1. 프리온은 왜 이렇게 까다로운가? - 멸균 불능성과 감염 우려

프리온(prion)은 기존의 어떤 병원체보다도 의료 현장에 강한 긴장감을 불러일으키는 존재입니다. 왜일까요? 그 이유는 바로 프리온은 '정상적인 멸균으로는 제거되지 않는 병원성 단백질'이기 때문입니다.

1) 프리온은 "멸균이 안 되는 병원체"

우리가 병원에서 쓰는 멸균 방식은 대부분 세균, 바이러스, 곰팡이 등을 제거하는 데 효과적입니다. 프리온이 발견되기 전까지는 고압증기멸균기(autoclave), 화학약품, 자외선, 알코올 소독 등을 상황에 따라서 적절하게 하면 모든 병원체는 사멸합니다. 하지만 놀랍게도 프리온은 이 모든 방식에 대해 놀라운 내성을 보입니다.

2) 얼마나 강한가요?

프리온에 대한 멸균 방식별 효과 비교

멸균 방식	대부분의 병원체에 대한 효과	프리온에 대한 효과
70% 알코올	강력한 살균 작용	거의 무효
자외선	DNA 손상 유도	DNA 없음 → 무효
일반 고압멸균 (121℃, 15분)	대부분의 병원균 사멸	프리온 일부 생존
표백제 (차아염소산나트륨)	대부분 효과 있음	고농도에서만 일부 억제
NaOH (수산화나트륨)	조직 융해 효과	고농도·고온 병행 시에만 효과

프리온은 고온(134℃ 이상)과 고압(2기압 이상), 그리고 고농도 NaOH(1N 이상)를 장시간 병행해야만 그나마 비활성화가 가능합니다. 그리고 이조차도 100% 완전 제거를 보장하지는 않습니다. 따라서 병원과 같은 보건 현장에서는 "완전한 멸균은 없다"는 가정 하에 움직여야 합니다. 즉, 크로이츠펠트-야콥병 의심 환자에게 사용한 기구는 소독이 아니라 격리 또는 폐기를 기본 원칙으로 삼아야 합니다.

2. 의료현장은 어떻게 대응해야 하나요?

프리온에 대한 대응은 단순히 소독 문제가 아니라 의료기관 전체 시스템과 관련됩니다. 특히 다음 세 곳은 가장 민감한 부서입니다.

1) 수술실(Operating Room)

2) 소독실(Sterilization/CS Room)

3) 해부실/검안실(Pathology/Morgue)

각 부서에서의 대응 원칙을 정리해 보겠습니다.

1) 수술실에서의 프리온 대응 원칙

크로이츠펠트–야콥병 의심 환자가 수술을 받을 경우, 수술실은 다음 3가지를 핵심 원칙으로 삼아야 합니다.

원칙 1: 분리, 최소, 폐기

- 가능하면 일회용 기구를 사용합니다.(전기소작기, 바늘, 칼날 등)

- 재사용이 불가피한 기구는 사전에 지정하여 '전용기구'로 관리합니다.

- 수술 기구는 별도 밀봉 후 폐기하거나, 프리온 멸균 프로토콜에 따라 처리합니다.

- 가능한 한 최소한의 기구만 사용하고, 필요 이상의 세팅은 피합니다.

- 수술은 마지막 순서로 배정하여, 이후 수술 일정에 영향 주지 않도록 합니다.

원칙 2: 수술실 공간도 격리

• 가능하다면 별도 수술실에서 시행(또는 하루 일정 종료 후 사용)

• 환자 동선은 미리 조정하여 타 환자와의 동선 중복 최소화

• 수술실 내부의 장비, 모니터, 환풍구 등은 비닐 등으로 가림막 처리

원칙 3: 수술 후 즉시 보고 및 격리 조치

• 의심 또는 확진 시 즉시 감염관리실에 보고

• 수술 기구는 이중 밀봉 후 '프리온 의심' 표시, 감염관리팀 인계

• 수술기록지 및 EMR에는 '크로이츠펠트–야콥병 의심 또는 확진' 기록 명확히
   남기기

2) 소독실/중앙공급실(CS Room)의 대응 원칙

소독실은 프리온 대응의 핵심 부서 중 하나입니다. 만약 크로이
츠펠트–야콥병 환자의 기구가 일반 기구와 혼합 소독될 경우, 전
체가 오염되었다고 간주해야 할 수 있습니다.

소독실 원칙 요약

• 의심 기구는 일반 소독기에서 멸균하지 않는다

• 사용된 기구는 감염관리팀의 지시에 따라 고온·고압·NaOH 처리 병행 또는
   전량 폐기

- 일반 기구와 혼용 시, 해당 소독기기 전체 사용 중지 및 특별 세척 필요

- 기구 보관 구역, 반송 카트, 세척기 등도 분리 또는 비표준화된 전용라인 운영 권고

- 작업자는 고무장갑 2중, 방수 앞치마, 고글 착용 등 개인보호구를 철저히 착용

3) 해부실·검안실에서의 프리온 대응

사망한 크로이츠펠트-야콥병 환자의 부검 또는 뇌검체 처리를 담당하는 부서는 병리과·해부실·검안실입니다. 이 부서에서의 실수는 병원 내 감염 확산 위험으로 이어질 수 있기 때문에 특별한 주의가 요구됩니다.

해부·검안실의 관리 수칙

- 가능한 한 뇌조직 해부 자체를 자제(필요시 고위험 생물안전등급 적용)

- 검사 전에는 PCR 또는 RT-QuIC 등으로 감염 위험 예측 시도

- 해부 시 사용한 기구는 폐기 또는 프리온 특수 소독 적용

- 조직 보관 시 일반 포르말린 고정은 효과 없음 → 포르말린+포름산 이중 고정 필요

- 작업자는 이중 장갑, 얼굴 보호대, 방수 가운, N95 이상 마스크 착용

- 실험 후 작업대, 바닥, 배수구 등은 2N NaOH 또는 20,000ppm 차아염소산나트륨으로 1시간 이상 처리

3. 크로이츠펠트-야콥병 의심 환자, 병원은 어떻게 대응해야 할까요?

어느 날, 외래에서 갑자기 기억력 저하와 이상 행동을 보이는 환자가 내원했습니다. 의사 선생님이 뇌파 검사와 MRI를 확인한 뒤 의심스러운 표정을 짓습니다. "혹시… 크로이츠펠트-야콥병일 수도 있겠습니다." 그 순간부터 병원은 '일반 감염관리 수준'을 넘어선 고위험 대응 절차를 시작해야 합니다. 아래는 크로이츠펠트-야콥병 의심 환자에 대해 병원 전체가 어떻게 움직여야 하는지 단계별로 정리한 종합 대응 매뉴얼입니다.

Step 1. 의심 환자 접수 – 최초 선별과 판단

_담당 부서: 신경과, 응급실, 외래접수

의심 증상: 급속 진행성 치매, 실어증, 보행 이상, 경련, 시각 장애 등

의사는 가능한 감별 진단(뇌염, 뇌졸중, 뇌종양 등)을 배제한 후, 크로이츠펠트-야콥병 가능성을 진지하게 고려한 경우, 감염관리실에 즉시 구두 보고

"진단되기 전이라도 의심만으로 대응 시작" → 프리온은 진단보다 빠르게 퍼질 수 있기 때문

Step 2. 감염관리실에 공식 보고

_담당 부서: 감염관리실(ICP), 신경과 주치의

크로이츠펠트-야콥병 감시체계에 따른 사례 정의 기준에 부합하는지 확인

병원 내 크로이츠펠트-야콥병 대응 프로토콜에 따라 전담간호사 배정, 별도 격리 여부 결정

즉시 아래 부서에 공식 알림 및 협조 요청: 검사실(혈액·뇌척수액), 방사선실(MRI 등), 수술실, 소독실, 병리과, 입원 병동, 원무팀

Step 3. 검사 전 준비

_담당 부서: 진단검사의학과, 영상의학과

뇌파 검사(EEG), MRI, 뇌척수액(CSF) 검사가 주로 시행됨

검사 장비는 프리온 위험성 안내 후 사용

사용한 기기(예: 뇌파 전극, MRI 침대 커버 등) → 즉시 소독 또는 폐기, 또는 '프리온 의심' 표기 후 격리

CSF 검체는 14-3-3 단백, tau protein, 또는 RT-QuIC 검사 등 의뢰 → 검사 결과는 보건당국 제출 대상이 될 수 있음

Step 4. 병동 격리 및 입원 관리

_담당 부서: 병동 간호부, 감염관리실

환자는 가능하면 단독 병실, 간병인 제한

병실 출입 시 고무장갑, 마스크, 가운, 눈 보호구 착용

체온계, 혈압계 등은 전용 사용 / 환자 전용구역에 보관

체위 변경, 흡인, 구강 간호 시 체액 노출 위험 고려한 이중 방호 착용

배설물 처리 시 오염 장갑·기저귀를 이중 폐기봉투에 밀봉

낙상, 침상 밖 활동 제한 → 보호자와의 접촉 최소화

Step 5. 진료기록 및 의무기록 조치

_담당 부서: 주치의, 의무기록팀

의무기록지/EMR 상단에 "크로이츠펠트-야콥병 의심(확진)" 문구 명시

환자 경과기록, 검사 결과, 신경학적 증상 소견, 보호자 동의 여부 등을 상세히 기재

추후 병리 조직이나 뇌조직을 국외 분석에 제출할 가능성도 고려하여 정리

Step 6. 기구·장비 처리

_담당 부서: 수술실, 소독실, 검사실

사용 기구는 일회용 우선, 재사용 기구는 '전용 격리통'에 담아 감염관리팀 이관

장비 겉면(기초 검사 장비, 스포이드, 침대 손잡이 등)은 → 20,000ppm 차아염소산나트륨 또는 1N NaOH로 닦은 후 자연건조

생검 조직, 뇌척수액 샘플 등은 전용 생물안전 봉투에 이중 포장

장비 동선 및 폐기 경로는 미리 문서화, 타 부서 공유

Step 7. 보건당국 신고 및 사후관리

_담당 부서: 감염관리실, 병리과, 진료기록팀

질병관리청 크로이츠펠트-야콥병 감시체계 보고서 작성

확진된 경우, 국내 의심사례 코드(CJD-01 등)로 보고

사망 시, 병리 검체 이송 및 사후 접촉자 기록 정리

의료진 및 간호인력에 대한 사후교육 및 트라우마 케어 제공

병원 전체가 기억해야 할 키워드

"의심만으로도 대응"

→ 진단 확정 전이라도 적극적인 감염관리 필요

"기구는 버려도, 병원 신뢰는 지켜야"

→ 안전한 폐기는 환자·직원 모두의 신뢰 지키는 일

"단 한 명의 환자가 시스템을 시험한다."

→ 희귀병이 병원의 대응 능력을 점검하는 순간이 됨

"정책보다 습관"

→ 평소 감염관리 교육과 팀워크가 실전에서 빛난다

4. 실제 사례

1) 실제 사례 1: 내시경을 공유하다

어느 대형병원에서 있었던 일입니다. 급성 치매 증상을 보이는 환자가 내시경적 위장관 검사를 받았습니다. 검사 후 의심 증상에 대해 신경과에서 크로이츠펠트-야콥병 가능성을 제기했고 몇 주 뒤 확진 판정을 받았습니다. 문제는 그 내시경 기기가 다음 환자에게도 사용되었고 소독 과정에서 일반적인 멸균만 거쳤다는 것이었습니다. 이 사건은 프리온이 위장관을 통해 직접 전파된 사례는 아니었지만, "혹시 모르기 때문에 조심해야 한다"는 감염관리의 기본을 되새기게 합니다. 이후 해당 병원은 크로이츠펠트-야콥병 가능성 환자에서 사용하는 모든 내시경은 "별도 폐기 또는 격리 보관"이라는 새로운 방침을 세웠습니다.

2) 실제 사례 2: 수술 후에 알았다

또 다른 사례에서는 백내장 수술을 받은 환자가 며칠 후 의식이 저하되며 신경과로 전과되었고 이후 크로이츠펠트-야콥병으로 확진된 일이 있었습니다. 이미 사용된 안과 기구들은 세척을 마친 상태였고 다른 환자에게도 일부 사용되었을 가능성이 있었습니다. 이 병원은 즉시 해당 장비 전체를 폐기하고 내부 감염관리 조치와 외부 보고 체계를 강화했습니다.

이런 사건을 계기로 많은 병원에서 "수술 전 신경학적 증상 사전 확인", "비정상적인 혼돈, 이상 행동, 환각을 보이는 환자는 선별

절차 강화" 같은 지침을 도입하게 되었습니다.

3) 병원에서 흔히 하는 실수들

실제로 프리온 관련 대응에서 가장 자주 나타나는 실수들은 아래와 같습니다.

프리온 관련 대응에서 자주 나타나는 실수와 예방법

실수	이유	예방법
진단 확정 전 대응 지연	"확진될 때까지 기다리자"는 태도	의심만으로도 조치 시작이 원칙
일회용품 재사용	단가 절감 등을 이유로 일회용 도구를 세척해 다시 사용	일회용품은 반드시 폐기, 명확한 분류 표시
감염관리팀 늦은 개입	주치의 선에서만 관리하다 전체 시스템 미연동	최초 의심 즉시 감염관리팀 보고
장비 격리 누락	뇌파 전극, MRI 커버 등 일부 장비는 종종 빠짐	사용 전 장비 목록 체크리스트 활용
의료진 교육 미비	담당자만 아는 지침, 나머지 팀은 전혀 모름	부서별 정기 교육 및 시뮬레이션 훈련 필수

4) 예방책은 결국 '평소 준비'

프리온 감염관리는 위험한 순간에 갑자기 튀어나온 위협에 대해 즉각 대응할 수 있도록 '평소 훈련과 시스템'을 갖춰 놓는 것이 핵심입니다. 그렇다면 병원은 어떤 식으로 준비해야 할까요?

(1) '프리온 대응 시뮬레이션 훈련' 정기 실시

신경과, 응급실, 감염관리팀, 수술실, 검사실이 함께 참여

가상 시나리오를 바탕으로 단계별 대응 훈련

예: "의심환자 내원 → 검사 예약 → 수술 발생 → 사후소독 및 보고"

훈련 후 피드백과 매뉴얼 개선

(2) 표준화된 '프리온 대응 매뉴얼' 제작 · 배포

부서별로 다른 기준을 적용하면 오류 발생 가능성↑

병원 차원의 '통합 가이드라인' 제작 필수

책자, 포스터, 인트라넷 공지 등 다양한 형태로 제공

모든 신규 직원은 입사 시 반드시 교육

(3) 감염관리 시스템의 디지털화

EMR 내 '크로이츠펠트–야콥병 경고 플래그' 기능 도입

의심 증상 입력 시 자동 경고창 표시

환자 기록에서 "프리온 관련 검사 시행 여부" 자동 체크

감염관리팀은 실시간으로 해당 환자 정보 확인 가능

(4) 국가적 표준 프로토콜 공유

질병관리청 또는 보건복지부 주관의 통합 매뉴얼 보급 필요

각 병원이 자체 지침을 만들더라도 국가 표준에 맞춰 업그레이드

유럽, 미국 CDC의 가이드라인을 참고한 최신 정보 반영

5. 감염관리는 병원만의 문제가 아니다

마지막으로 강조하고 싶은 것은 프리온 감염관리는 의료기관 혼자 감당할 수 있는 문제가 아니라는 점입니다. 이는 환자와 보호자, 지역 보건소, 국가 감시체계, 장례식장, 장기이식기관 등 여러 기관과 사람들의 연계를 필요로 하는 공공의 문제입니다. 프리온은 감염력이 낮지만 그 영향은 치명적이고 광범위합니다. 그렇기에 "과도하다고 생각될 정도로 조심하는 것"이 곧 최선의 대응일 수 있습니다.

 요약박스 프리온 감염관리의 핵심 포인트

✔ 진단보다 대응이 먼저!

✔ 일회용은 반드시 폐기!

✔ 모든 부서는 감염관리팀과 연동!

✔ 정기적인 교육과 시뮬레이션은 생명선!

✔ 병원만이 아니라 사회 전체의 협력이 필요!

12장

예방과 대응:
정책과 지침은 어떻게 정해지는가?

1. 감염병 대응 지침은 어떻게 만들어질까?

크로이츠펠트-야콥병과 같은 프리온 질환은 발생 빈도는 낮지만 치명률이 매우 높고 소독과 멸균이 어렵다는 특성 때문에 정책적·제도적 차원의 대응 지침이 매우 중요합니다. 그렇다면 이런 지침은 누구에 의해 어떤 근거로 만들어질까요? 이번 장에서는 크로이츠펠트-야콥병과 관련된 국내외 주요 지침과 정책 대응 체계를 소개합니다.

2. 병관리청 지침의 구성: 국내 대응의 뼈대

대한민국에서는 크로이츠펠트-야콥병과 같은 고위험 감염병에 대해 질병관리청(KCDC)이 중앙관리기관으로서 법적 기준에 따른 지침을 제정하고 감시·보고 체계를 운용하고 있습니다. 2024년 질병관리청의 크로이츠펠트-야콥병 관리 지침을 재개정 하였고 이 지침의 구성요소는 다음과 같습니다:

1) 정의 및 분류

크로이츠펠트-야콥병의 주요 하위 유형(fCJD, sCJD, iCJD, vCJD 등)에 대한 정의

의심 사례, 가능 사례, 확진 사례의 구분 기준

2) 진단 기준

WHO 권고 기준에 따라 뇌파(EEG), MRI, CSF 검사(14-3-3 단백, RT-QuIC) 등을 포함

조직검사 또는 부검소견에 따른 확진 방법도 명시

3) 감시 대상 및 보고 체계

전국 병원으로부터의 의심 사례 보고 → 시·도 보건소 → 질병관리청 보고 단계

보고 시기: 의심 즉시, 확진 또는 사망 시 최종 보고

4) 검체 채취 및 운반

뇌척수액, 혈액, 뇌조직 등 고위험 검체의 안전한 채취와 이중 포장 지침

생물안전 2등급 또는 3등급 시설 기준 적용

5) 병원 내 감염관리 지침

감염성 의료폐기물 처리, 사용 기구 폐기 또는 고위험 멸균법 적용

고위험 수술 및 해부 시 보호구 착용, 전용 수술 기구 사용 등

6) 사후 관리

사망 후 부검 여부 판단 기준 및 유가족 설명 지침

필요 시 환자 정보 익명화 및 감염 통보

이 지침은 보통 법적 고시 또는 지침 문서 형태로 공표되며 각 병원의 감염관리위원회는 이를 바탕으로 자체 매뉴얼을 작성해 병원 내 교육과 대응에 활용합니다.

2024년도 크로이츠펠트–야콥병 관리지침 | 보도자료 | 알림·자료 : 질병관리청

3. WHO, CDC의 프리온 대응 가이드라인 요약

질병관리청의 기준은 단독으로 만들어지는 것이 아니라 세계보건기구(WHO)와 미국질병통제예방센터(CDC) 등의 국제 가이드라인을 참고하고 국내 현실에 맞게 조정한 것입니다.

1) WHO(World Health Organization)

WHO는 2003년과 2006년에 프리온 질환 대응을 위한 핵심 가이드라인을 발표했습니다.

주요 내용은 다음과 같습니다:

- 크로이츠펠트–야콥병 유형별 정의: 산발성, 유전성, 의인성, 변종 유형의 분류 및 특성 정리
- 감염경로 차단 우선: 기구 재사용 최소화, 일회용 도구 권장
- 고위험 조직 분류: 뇌, 척수, 망막, 뇌척수액 등은 '절대 금지 대상'으로 관리
- 프리온 비활성화 방법 제시: NaOH 1N, 20,000ppm 차아염소산나트륨, 134℃ 이상 고압증기 등
- 병원 내 장비 분리 사용 권고: 특히 신경외과 수술 시 수술 도구 전용화 권장

WHO는 감염병의 국제적 확산 가능성을 방지하기 위해 "진단보다 예방적 대응이 우선"이라는 원칙을 강조하고 있습니다.

2006 WHO CJD guidelines; https://iris.who.int/bitstream/handle/10665/43498/9789241547017-eng.pdf?utm_source

2) CDC(Centers for Disease Control and Prevention)

미국 CDC는 vCJD와 iCJD의 감염경로 차단에 초점을 맞추어 프

리온 대응 지침을 제공합니다. 주요 항목은 다음과 같습니다:

- 의심 사례 시점부터 장비 분리·폐기 권고
- 경로별 고위험도 분류: 뇌수술 〉안과수술 〉소화기 내시경 〉일반적 간병 순
- 혈액 및 장기기증 기준 강화: 과거 크로이츠펠트–야콥병 가족력, 수술력, 영국 장기체류자 등의 헌혈 제한
- 부검 시 고위험 방어복 착용 필수(이중 장갑, 얼굴 보호대, N95 마스크 등)
- 감염 경로로 사용된 의료기기 추적 가능성 확보 지침 강조(일종의 감염 추적 번호제)

4. KCDC의 실질적 역할과 감염병 대응 흐름

국제 가이드라인을 참고해 만들어진 정책이 실제 현장에서 제대로 작동하려면, 그 중심에 있는 기관의 명확한 역할 수행이 필요합니다. 대한민국의 경우, 바로 질병관리청(KCDC, Korea Disease Control and Prevention Agency)이 그 중심입니다. 그럼, KCDC는 프리온병과 같은 고위험 감염병에 대해 실제로 어떤 역할을 할까요?

1) KCDC의 실제 역할과 감염병 대응 시스템

질병관리청은 단순히 '정책을 만드는 곳'이 아니라 실제 발생한 감염병 사건에서 현장 의료진과 직접 소통하며 대응을 지휘하는

컨트롤 타워입니다. 특히 프리온병은 희귀하고 치명적이며 오랜 잠복기를 가질 수 있고 변형 크로이츠-펠트 야콥병과 같이 예기치 않는 변종이 나타날 수 있어 환자 1명을 놓치지 않는 세밀한 대응 시스템이 필요합니다.

주요 역할 4가지

(1) 감염병 감시 체계 운영

전국 병원, 보건소, 전문검사기관에서 크로이츠펠트-야콥병 의심 또는 확진 환자 발생 시 실시간 보고

데이터를 기반으로 발생 추이, 위험도 평가, 역학적 특성 파악

병원 감염관리실 및 시·도 보건소와 연계해 즉각 현장 대응 명령

(2) 감염병 분류·등급화 및 지침 보급

크로이츠펠트-야콥병을 포함한 감염병을 법정 감염병으로 지정(현재 크로이츠펠트-야콥병은 제3군 감염병)

각 병원에 표준 운영 지침(SOP) 배포, 정기 교육과 워크숍 주관

진단기관에 검사 기준 제공(RT-QuIC, 14-3-3 단백, PRNP 유전자 검사 등)

(3) 고위험 검체 이송 및 확진 관리

의심 환자 검체 수거 → 지정 검사기관 이송 → RT-QuIC 분석 → 중앙 확진

판정

확진 시 유가족·보건소·병원에 공식 통보 및 사후조치 안내

(4) 국제 정보 공유 및 보고

WHO 및 OIE 등 국제기구에 국내 확진 사례 보고

국가 간 크로이츠펠트-야콥병 감시 연계 참여(특히 변종 크로이츠펠트-야콥병은 EU, 미국, 일본 등과 공조)

해외 체류 이력, 장기·혈액 기증 여부 등을 추적해 감염경로 차단

🔔 감염병 신고 및 대응 절차: 병원에서 발생하면 어떻게 움직이나?

크로이츠펠트-야콥병과 같은 감염병이 의심될 경우 병원 현장에서부터 보건소, 질병관리청으로 이어지는 단계적 보고 체계가 작동합니다.

아래는 그 기본 흐름입니다:

Step 1: 의심환자 발생(병원)

신경과, 내과, 응급실 등에서 환자 진료 중 급속 진행성 치매, 성격 변화, 시야 이상 등을 보이면 → 크로이츠펠트-야콥병 의심 → 담당 의사(주치의)는 즉시 감염관리실 및 병원장에게 보고

Step 2: 병원 감염관리실 → 관할 보건소 보고

감염관리실은 환자 정보를 정리해 시·군·구 보건소에 1차 통보

보고 양식: 감염병 발생 신고서, 환자 상태, 의심 증거, 검사 계획 등 포함

이 단계에서 KCDC 질병정보시스템(NDIS)에 입력 가능

[별지 제1호의3서식] 감염병 발생 신고서(감염병의 예방 및 관리에 관한 법률 시행규칙).pdf

Step 3: 보건소 → 시도 보건환경연구원 → KCDC

관할 보건소는 보고받은 사례를 검토 후 해당 시·도의 보건환경연구원에 통보 및 검체 의뢰 이후 질병관리청으로 공식 보고됨

Step 4: 검사·확진 및 중앙 대응

RT-QuIC, 유전자 검사 등으로 중앙에서 최종 진단

확진되면 KCDC는 해당 병원 및 지자체에 공식 대응 지침 하달

필요한 경우 현장 역학조사반 파견, 병원 감염관리 강화 조치 실시

📋 이 절차가 중요한 이유는?

크로이츠펠트-야콥병은 감염성이 낮지만, 일단 발생하면 의료체계 전체의 대응 프로토콜을 시험하게 됩니다.

진단이 늦어지면 병원 내 장비나 기구 오염으로 2차 의심 상황이

생길 수 있기 때문에 '확진이 아닌 의심만으로도 대응을 시작해야' 합니다. 또한 질병관리청은 전체 감염병 통계와 유행 경로를 지속적으로 모니터링하며 향후 정책 수립에 반영합니다.

결론적으로 프리온 질환 대응에서 가장 중요한 것은 '국가의 준비'와 이를 충실히 이행할 수 있는 병원과 같은 의료기간의 협조이며 그 중심에 질병관리청(KCDC)이 있습니다.

 요약박스 이것만은 기억하세요

✔ 프리온 질환은 희귀하지만 치명적이기에 질병관리청(KCDC)은 WHO·CDC 지침을 바탕으로 진단, 감염관리, 보고 체계를 포함한 국가 대응 지침을 마련합니다.

✔ 감염이 의심되면 병원→보건소→질병관리청으로 단계적으로 보고되며 RT-QuIC 등의 검사로 확진 후 즉각 대응 지침이 하달됩니다.

✔ 크로이츠펠트-야콥병은 확진 전이라도 '의심 단계'부터 대응이 중요하며 이를 위한 병원-국가 간 긴밀한 협력이 감염 확산을 막는 핵심입니다.

13장

크로이츠펠트-야콥병 환자와 가족을 대하는 방법

크로이츠펠트-야콥병은 그 이름만 들어도 낯설고 무섭게 느껴지는 병입니다. 환자에게는 인지기능과 운동기능이 급격히 저하되는 증상이 나타나고, 가족에게는 '이해할 수 없는 병', '치료 방법도 없는 병'에 대한 혼란과 고통이 찾아옵니다. 의료진 역시 감염성 질환이라는 특수성 앞에서 적지 않은 긴장과 부담을 느낍니다. 이 장에서는 크로이츠펠트-야콥병 환자와 그 가족을 따뜻하게 대하는 법, 그리고 의료진과 사회가 어떤 시선과 태도를 가져야 하는지에 대해 살펴보겠습니다.

1. "무서운 병인가요?" 불안에 대해서 어떻게?

크로이츠펠트-야콥병 진단을 받은 환자나 보호자 대부분은 이 병명을 처음 듣습니다. "무슨 병이에요?", "치료는 안 되나요?", "전염되는 건가요?", "가족도 위험한가요?" 등 수많은 질문이 쏟아집니다. 이때 가장 중요한 것은 정확하면서도 불안을 덜어 주는 방식으로 설명하는 것입니다.

1) 공포가 아닌, 이해를 돕는 설명

크로이츠펠트-야콥병은 치명적인 질환이지만 환자를 격리하거나 피해야 하는 병은 아닙니다. 환자의 침, 땀, 눈물, 피부 접촉으로는 전파되지 않기 때문에 가족의 일상적인 돌봄은 전혀 문제가 없습니다.

예시 설명법

"크로이츠펠트-야콥병은 특별한 단백질의 문제로 뇌가 점점 기능을 잃는 병이에요. 가족이 안아 주거나 식사 보조를 해 주는 걸로는 전염되지 않아요. 일반적인 간병은 괜찮고 뇌조직이 직접 닿는 의료행위가 아니면 감염 위험도 없습니다. 그냥 가족 수준의 간병에서는 문제가 없다고 생각하셔도 됩니다." 이렇게 설명하면 대부분의 환자 가족이 불필요한 공포에 사로잡히지 않고 환자와의 접촉을 두려워하지 않게 됩니다.

2) '희망'을 주는 정직한 말

크로이츠펠트-야콥병은 현재까지 치료가 어렵고 예후가 나쁩니다. 그러나 그렇다고 해서 모든 것을 체념하듯 이야기하면 보호자는 더 깊은 좌절에 빠지게 됩니다.

예시 설명

"병이 나아지는 건 어렵지만 불편한 증상은 줄이고 편안한 시간을 보낼 수 있도록 돕는 치료가 있어요. 우리가 함께 잘 도와드릴게요." 이렇게 설명하면 환자나 가족은 '이제부터의 시간' 즉 남아 있는 시간에 대한 좀 더 의미 있는 준비를 시작할 수 있습니다.

2. 의료진 보호와 인권 사이의 균형

크로이츠펠트-야콥병이 감염 가능성이 있는 병이라는 점 때문에 의료진들은 본능적으로 경계심을 갖습니다. 수술실, 검사실, 병동 모두 "프리온 감염 우려"라는 문구에 예민하게 반응합니다. 하지만 이러한 경계심이 환자나 가족을 차별하거나 소외시키는 방향으로 흐르지 않도록 주의해야 합니다.

'수술 거부'와 '인권 침해'

실제 제가 경험한 사례를 소개합니다.

"아버지가 갑자기 인지장애가 생겨 입원했는데 뇌 정밀 검사를 하자고 하더라고요. 그런데 검사를 받고 크로이츠펠트-야콥병 의심 진단이 나오자 이후 수술이나 검사에서 거절당하는 일이 많아졌어요. 어느 병원에서는 침상 배정도 뒤로 미뤄졌고 보호구 착용도 대놓고 부담스럽게 했어요. 마치 우리가 무서운 병이라도 옮긴 것처럼 느껴졌죠."

이런 사례는 환자의 치료 기회를 빼앗을 뿐만 아니라 가족에게 깊은 상처와 낙인을 남깁니다. 의료진의 감염 예방은 반드시 필요하지만 설명 없이 냉정하게 거부하거나 오해를 살 행동은 지양해야 합니다. 하지만 문제는 아무래도 좀 더 관심을 가지고 방역에 집중해야 하는데 이 모든 것에는 교육과 장비가 어느 정도 필요합니다. 따라서 이런 문제는 개인적인 의료진에게만 요구할 것이 아니고 국가적인 관심이 뒤따라야 합니다.

실제 병원에서 환자나 환자 보호자에게 다음과 같은 설명이 필요합니다.

1) 환자가 이해할 수 있도록 "왜 보호복을 입는지" 설명해 주세요.

2) 검사를 거절해야 할 때는 대체 가능한 검사와 이유를 함께 설명해 주세요.

3) "당신이 위험한 존재다"가 아닌, "우리는 절차를 지키는 중이다"라는 메시지

가 전해져야 합니다.

3. 사회적 낙인과 편견: 침묵 속에 고통받는 사람들

크로이츠펠트-야콥병은 흔치 않은 병이고 증상도 독특하며 이름도 낯설기 때문에 사회적으로 '기이한 병', '피해야 할 병'이라는 인식이 형성되기 쉽습니다. 실제로 몇몇 보호자들은 환자 상태를 주변에 말하지 못하고 은밀히 간병하거나 사회적 관계를 끊기도 합니다.

실제로 경험하였던 다른 경우입니다.

한 보호자는 이런 이야기를 들려주었습니다.

"남편이 이상한 행동을 하기 시작했을 때 처음엔 치매인가 했어요. 나중에 크로이츠펠트-야콥병이라는 진단을 받고도 주변에 알리지 못했어요. 병 이름을 말하면 다들 무서워하고 거리를 두더라고요. 나중엔 자식들도 친구에게 아버지 병명을 말하지 않았어요. 병원에서도 마치 '특별 관리 대상'처럼 느껴져 외로웠습니다."

이처럼 크로이츠펠트-야콥병 환자 가족은 '질병 자체의 고통' 외에, '타인의 시선과 낙인'으로 두 번 아픕니다. 그래서 사회적 인식 개선이 매우 중요합니다.

• 크로이츠펠트-야콥병은 일반적인 일상 접촉으로는 전염되지

않습니다.

- 가족이나 보호자에게 비난의 책임이 있지 않습니다.
- 환자 역시 자신의 의지와 상관없이 병을 겪는 피해자입니다.

이런 메시지가 방송, 언론, 의료기관에서 계속 전달되어야 합니다. 낙인은 지식과 공감으로만 해결할 수 있기 때문입니다.

4. 보호자가 겪는 진짜 어려움

크로이츠펠트-야콥병 보호자는 짧고 강렬한 돌봄의 시간을 겪습니다. 병이 진행되기 시작하면 몇 달 안에 인지기능이 무너지고 환자가 자신을 알아보지 못하거나, 이상 행동을 보이거나, 대소변을 가리지 못하는 상황으로 빠르게 변합니다. 이 변화는 보호자에게 감정적 충격과 큰 육체적 부담을 줍니다.

1) 감정적 고립과 우울

크로이츠펠트-야콥병 보호자는 일반적인 치매 보호자와는 다른 고립감을 느낍니다. 그 이유는 다음과 같습니다.

질병을 설명하기 어렵다
치료 방법이 없다는 무력감

주변의 낙인

매우 빠른 환자의 악화 속도

의료진의 거리두기

이 모든 요소가 겹치면서 보호자는 "나 혼자 싸우고 있다"는 느낌에 빠지기 쉽습니다. 실제로 우울증이나 자살 충동을 경험하는 경우도 많다고 합니다.

2) 실질적인 돌봄 문제

환자가 말이 통하지 않고 움직이거나 폭력적인 행동을 할 경우, 가족 혼자 돌보기는 매우 어렵습니다. 그런데 요양시설 입소가 거부되는 경우도 많습니다. 왜냐하면 일부 시설은 '감염 우려'라는 이유로 크로이츠펠트–야콥병 환자를 받지 않기 때문입니다. 또한 재택 간병을 선택하더라도 도움을 줄 수 있는 간병인 구하기가 쉽지 않고, 가정 내에서도 배설 관리, 섭식 보조, 체위 변경 등 고강도 돌봄이 필요합니다. 이를 해결하기 위해서는 무엇보다도 사회는 보호자를 위한 심리상담, 긴급 간병 지원, 정보 안내 서비스를 제공해야 합니다. 그리고 의료진이나 주변 사람이 보호자에게도 "당신이 잘하고 있다"는 위로와 인정이 절실합니다.

3) 꼭 기억해야 할 것들

크로이츠펠트-야콥병 환자도 존엄을 가진 인간입니다. 그 삶의 마지막이 두려움과 차별이 아닌 따뜻한 돌봄 속에서 이뤄지도록 돕는 것이 중요합니다.

가족은 환자의 가장 가까운 지원자이자 사회의 손길을 가장 필요로 하는 사람입니다.

의료진은 감염 예방과 인권 보호라는 두 과제를 모두 안고 있어야 합니다. 한쪽만 강조되어서는 안 됩니다.

사회는 낯선 병 앞에서 배척이 아닌 이해와 연대의 자세를 보여야 합니다.

크로이츠펠트-야콥병은 아직까지 치료가 되는 병이 아닙니다. 하지만 이 병은 우리 모두에게 '어떻게 죽음을 준비할 것인가', '돌봄이란 무엇인가', 그리고 "사람을 사람답게 대하는 법"을 묻습니다. 이 병을 고칠 수는 없지만, 환자의 존엄을 지킬 수는 있습니다. 가족의 상처를 모두 치유할 수는 없지만, 함께 걸어 주는 사회가 있다면 그 길은 덜 외로울 수 있습니다. 우리는 치료자가 되지 못하더라도 좋은 이웃, 따뜻한 설명자, 지지하는 동반자가 될 수 있습니다. 그것이 바로 이 병 앞에서 우리가 할 수 있는 가장 인간적인 선택입니다.

14장

프리온의 미래: 치료와 백신은 가능한가?

　프리온이라는 단어를 들으면 왠지 낯설고 어렵게 느껴지실 수 있습니다. 하지만 이 단백질 하나가 일으키는 병은 아주 특별하고 그만큼 우리 인류가 해결해야 할 큰 숙제이기도 합니다. 프리온병은 바이러스도, 세균도 아닌 단백질이 원인이 되는 질환입니다. 그것도 원래 우리 몸 안에 있던 단백질이 잘못된 형태로 접히면서 문제가 생기는 아주 특이한 경우입니다. 이렇게 변형된 단백질은 스스로를 복제하듯 계속 퍼져 나가며 뇌를 망가뜨리고 결국 심각한 신경 손상을 유발하게 됩니다. 문제는 이 질환은 아직까지 확실한 치료제가 없다는 점입니다. 예방도 어렵고 진단조차 쉽지 않습니다. 그러다 보니 많은 분들이 이런 의문을 가지십니다. '이런 병도 치료가 될 수 있을까? 백신을 맞아서 막을 수는 없을까?'

　프리온 질환의 치료가 어려운 이유는 여러 가지가 있습니다. 우선 프리온은 우리 몸의 정상 단백질과 너무나도 비슷합니다. 정확히 말하면 정상 단백질이 잘못 접히면서 비정상적인 형태로 변한 것이기 때문에 우리 몸의 면역 시스템이 이걸 쉽게 구분하지 못합니다. 보통은 외부에서 바이러스나 세균이 들어오면 이들은 우리 몸과 전혀 다른 '남의 편'으로 보이기 때문에 면역계가 바로 적으로 인식하고 공격을 하지만, 프리온은 몸속에서 생긴 '우리 편'처럼 보이는 물질이기 때문에 면역계가 별다른 반응을 보이지 않는 것이지요. 그래서 항체를 만들어서 프리온을 없애는 방식이 잘 통하지 않습니다.

또 하나의 큰 문제는 바로 뇌혈관장벽이라는 것입니다. 뇌는 아주 중요한 기관이기 때문에 대부분의 약물이나 외부 물질이 쉽게 들어가지 못하게 철저히 보호되어 있습니다. 이 장벽은 우리 몸에게는 매우 고마운 방어막이지만 약물 치료에는 큰 장애가 됩니다. 설령 프리온을 공격할 수 있는 물질이 개발되더라도 그것이 뇌 안으로 들어가는 건 또 다른 문제입니다. 마치 단단한 성문 앞에서 약이 발이 묶여 버리는 셈입니다.

게다가 프리온 질환은 대부분 증상이 나타나기 전까지는 아주 오랜 시간이 걸리는 경우가 많습니다. 수년, 길게는 수십 년의 잠복기를 지나 증상이 나타나기 시작하면, 그때부터는 믿기 어려울 만큼 빠르게 병이 진행됩니다. 이미 뇌 손상이 상당히 진행된 상태에서 진단을 받는 경우가 많기 때문에 치료 시기를 놓치게 되는 것이지요. 그러니 치료제를 개발한다는 것은 질병의 원인을 알아내는 것도 어려운데, 그 원인을 뇌 안에서 조기에 발견하고 효과적으로 제거할 수 있는 방법까지 마련해야 한다는 뜻입니다. 정말 어려운 과제입니다.

그렇다고 연구가 멈춘 것은 아닙니다. 오히려 세계 곳곳의 과학자들은 이런 어려움을 극복하기 위해 오늘도 계속해서 도전하고 있습니다. 많은 연구들이 동물실험을 통해 프리온의 특성을 알아내려고 노력하고 있고, 분자 수준에서 단백질이 어떻게 잘못 접히는지를 분석하는 시도도 활발합니다. 특히 생쥐를 이용한 실험이 많이 이루어지고 있습니다. 인간의 프리온 단백질을 발현하도록 유전자를 조작한 생쥐를 만들어 그 생쥐에 비정상 단백질을 주입하면, 병의 진행 과정을 살펴볼 수 있습니다. 이 과정에서 어떤 약물이 병의 진행을 늦추는지를 시험해 보기도 하고, 백신의 가능성을 실험해 보기도 합니다. 물론 동물에서는 효과가 있는 약이 사람에게도 효과가 있을지는 별개의 문제이지만, 그래도 실마리를 찾기 위해 꼭 필요한 과정입니다.

다른 한편으로는 실험실 안에서는 프리온 단백질의 구조를 분석하는 연구가 계속되고 있습니다. 현미경보다 훨씬 정밀한 전자현미경이나 단백질 구조를 입체적으로 분석할 수 있는 기법들을 이용해, 정상 단백질이 어떻게 비정상적인 형태로 바뀌는지, 그 전환 과정에서 어떤 물질이 관여하는지를 찾아내고자 노력하고 있습니다. 만약 그 변화를 유도하는 조건이나 분자를 정확히 알아낼 수 있다면, 이를 막거나 늦출 수 있는 방법도 찾아낼 수 있으리라 기대하고 있습니다. 이처럼 단백질 하나의 구조를 분자 단위에서 들여다보고 그 상호작용을 일일이 확인해 나가는 일은 마치 퍼즐을 맞추는 것처럼 오랜 시간과 인내가 필요하지만 결국 치료제 개발로 이어질 수 있는 중요한 기반이 됩니다.

그럼 백신은 가능할까요? 많은 분들이 감기나 독감처럼 미리 맞고 예방하는 백신이 있다면 좋겠다고 생각하실 겁니다. 실제로 일부 연구에서는 프리온 단백질을 대상으로 백신처럼 작용하는 항체를 만들어 동물에게 투여한 결과, 어느 정도 예방 효과가 있었다는 보고도 있었습니다. 하지만 이 역시 사람에게 적용하기에는 여러 가지 문제가 따릅니다. 앞서 말씀드린 것처럼 프리온은 몸에 원래 있던 단백질이 변형된 것이기 때문에 백신이 잘못 작용하면 우리 몸이 스스로를 공격하는 자가면역 질환이 생길 수도 있습니다. 게다가 백신으로 만들어진 항체가 뇌까지 도달할 수 있을지, 그리고 거기서 충분히 작용할 수 있을지는 아직 검증되지 않았습니다. 즉 이론적으로는 가능성이 있지만 실제로 사람에게 적용하려면 훨씬 더 정밀하고 안전한 방식이 필요하다는 뜻입니다.

이렇게 치료나 예방이 어려운 병이기 때문에 한편에서는 이 병을 빨리 찾아내는 감시 체계를 구축하는 것도 매우 중요합니다. 우리나라도 질병관리청 주도로 '크로이츠펠트–야콥병' 감시 체계를 운영하고 있습니다. 전국 각지의 병원에서 프리온 질환이 의심되는 환자가 발생하면 즉시 보고하고 여러 가지 검사를 통해 확인하게 되어 있습니다. 뇌척수액을 검사하거나 뇌 MRI를 촬영해 전형적인 변화가 있는지 살펴보며 EEG^(뇌파 검사)나 다른 진단 도구들도 함께 활용됩니다. 최근에는 아주 적은 양의 단백질만으로도 프리온을 감지할 수 있는 RT-QuIC이라는 기술이 도입되면서 진단 정확도가 더 높아지고 있습니다. 이 기술은 비정상 단백질이 정상 단백질을 변형시키는 과정을 실험실에서 인위적으로 재현함으로써 그 유무를 확인할 수 있도록 도와줍니다. 덕분에 과거보다 훨씬 빠르고 정확하게 의심 환자를 가려낼 수 있게 되었지요. 하지만 무엇보다도 중요한 것이 사망 후에 뇌조직을 분석해 확진을 하는 것입니다. 이 분야가 우리나라가 다른 나라보다 취약한 부분이고 보완이 꼭 필요한 부분입니다.

우리나라뿐 아니라 전 세계적으로도 프리온 감시 네트워크가 구축되어 있습니다. 미국의 CDC, 유럽의 프리온 감시 센터, WHO 등에서는 각국의 환자 정보를 공유하고 새로운 형태의 변이 프리온이 나타나는지도 주시하고 있습니다. 덕분에 한 나라에서 발생한 사례가 다른 나라에서도 빠르게 공유되고 전 세계적인 확산을 막는 데 큰 도움이 됩니다.

　지금까지의 이야기를 들으시고 나면 '그래도 너무 암울한 것 아닌가?' 하는 생각이 드실 수도 있습니다. 하지만 꼭 그렇지만은 않습니다. 프리온은 비정상 단백질이 병을 일으킨다는 점에서 알츠하이머병이나 파킨슨병, 루게릭병 등과도 공통점이 많습니다. 그래서 프리온을 이해하는 것이 결국 다른 신경퇴행성 질환을 이해하는 데도 큰 도움을 줄 수 있다는 기대가 큽니다. 실제로 알츠하이머병은 베타 아밀로이드와 타우 단백질이 비정상적으로 쌓이면서 발생하고 파킨슨병은 알파 시뉴클레인이란 단백질의 이상이 문제가 됩니다. 이들 질환도 결국은 '단백질의 문제'이고 이런 점에서 프리온 연구는 단지 프리온병 하나만을 위한 것이 아니라 다른 치매나 퇴행성 뇌질환에 대한 해답을 찾는 과정이기도 합니다. 무엇보다 과거에는 아무도 믿지 않았던 프리온 이론 자체가 지금은 전 세계 의학계의 정설이 되었듯, 지금 어렵게만 느껴지는 치료나 예방 방법도 언젠가는 현실이 될 수 있습니다. 처음 프리온 이론을 주장했던 과학자 스탠리 프루지너 박사도 한때는 '말도 안 되는 얘기'라며 조롱받았지만 결국 그의 발견은 노벨상까지 받게되었고 인류의 뇌질환 연구에 큰 전환점을 가져다 주었습니다. 이처럼 과학의 길은 멀고 험해 보여도 누군가 계속해서 한 걸음씩 걸어가다 보면 결국 우리가 가 보지 못한 곳에 도달할 수 있습니다. 프리온 치료제나 백신도 마찬가지입니다. 지금은 불가능처럼 보여도 누군가의 열정과 연구가 축적되면 언젠가는 현실이 될 수 있습니다.

우리는 아직 프리온을 완전히 이길 수는 없지만 이미 그것을 추적하고 이해하고 막아 보려는 많은 노력을 기울이고 있습니다. 진단 기술은 날로 발전하고 있고 기초 연구는 계속되고 있으며 감시 체계는 점점 더 정교해지고 있습니다. 언젠가 이 모든 노력이 모여 하나의 돌파구를 만들어 낼 날이 올 것입니다. 그리고 그날이 오면 우리는 오늘의 시행착오와 연구들이 얼마나 소중한 밑거름이었는지를 되새기게 될 것입니다. 프리온의 미래는 아직 쓰이지 않은 이야기입니다. 그리고 그 이야기를 완성해 나가는 건 바로 지금 이 순간에도 계속되고 있는 과학자들의 실험, 연구자들의 관찰, 그리고 여러분과 같은 독자들의 관심일지도 모릅니다.

생명의 기원을 둘러싼 오래된 경쟁

"만약 생명이 두 갈래로 갈라졌다면 그중 하나는 오늘날 거의 잊혔을지도 모른다."

세포라는 경이로운 구조를 이루고 DNA라는 정교한 유전 정보를 복제하며 RNA와 단백질이 유기적으로 작동하는 생명체. 우리는 이 복잡한 체계가 당연하다고 여깁니다. 그러나 시간을 수십억 년 되감아 생명의 기원으로 향한다면 전혀 다른 모습이 우리를 기다리고 있을 수도 있습니다. 고대 지구, 불타는 바위 행성과도 같은 그 세계엔 아직 생명이라 부를 수 있는 존재조차 없었습니다. 뜨겁고 혼탁한 해양 속 다양한 무기물과 유기물이 섞여 부글거리던 그곳에서, 하나의 놀라운 사건이 일어납니다. 자기 자신을 복제할 수 있는 '무언가'가 생긴 것입니다. 그것은 생명의 탄생을 알리는 첫 불꽃이었다.

여기서 우리는 오랫동안 "RNA 월드 가설"이라는 패러다임에 익숙해져 있습니다. 즉, 자기복제 기능과 효소 기능을 모두 가진 RNA가 최초의 생명체였다는 가설입니다. 이 RNA는 스스로를 복제하고 때론 다른 분자를 촉매하는 능력을 가지며 이후 DNA와 단백질의 체계로 이어졌다는 것이 주류 학계에서 말하는 RNA 월드 가설입니다. 하지만 만약 RNA보다도 먼저, 혹은 함께 등장한 또 다른 존재가 있었을 가능성은 없었을까요? 일부 학자들은 이것이 바로 '프리온'이었을 가능성을 말합니다. 원시 지구처럼 척박한 땅에서 유기물이 합성될 수 있으나 핵산과 같은 형태는 유지될 수 없었을 것입니다. 이때 등장한 것이 프리온이고 이것은 이 혹독한 환경에서 나름 역할을 하였을 가능성이 있습니다. 하지만 지구가 안정이 되고 어느 시기에 핵산에 의해서 효과적으로 복제가 가능한 시스템이 등장하면서 프리온은 급속히 퇴장하였을 가능성이 있습니다.

프리온이 퇴장한 후 생명은 핵산의 시대를 맞이합니다. DNA는 정보의 보존과 복제를 위해 최적화된 물질이었습니다. 정보는 안정된 이중 나선에 보존되었고 RNA는 그 정보의 메신저가 되었으며 단백질은 그 정보를 실행하는 도구로만 사용되어졌습니다. 프리온의 언어는 이제 잊혀진 것처럼 보입니다. 단백질은 더 이상 '정보의 주체'가 아니라 '정보의 수신자'가 되었습니다. 세상은 핵산 중심적 생명으로 재편되었습니다. 정보는 뉴클레오타이드에 있고 단백질은 그것을 실행하는 하인으로 전락하였습니다. 이 시점에서 우리는 묻게 됩니다. "만약 프리온이 패배한 것이 아니라 단지 숨었을 뿐이라면?" 그들은 병원체로 돌아왔습니다. 하지만 그 병원체는 단순한 위협만 하는 것이 아닙니다. 그들은 우리에게 질문을 던집니다. "정보란 무엇인가? 생명이란 무엇인가? 복제와 전파, 그리고 정체성은 무엇에 의해 결정되는가?"

21세기. 생명과학의 발전은 또 다른 문을 엽니다. 합성생물학, 유전자 편집, 인공지능 기반 단백질 설계, 그리고 정보의 재정의. 이모든 것이 다시금 프리온을 무대 위로 불러내고 있습니다. 오늘날 과학자들은 핵산이 아닌 단백질을 이용한 자기조립 시스템을 실험하고 있습니다. RNA 없이 작동하는 인공 생명체, 단백질 기억 저장 매커니즘, 프리온 유사 단백질을 통한 신경세포 기억 유지 연구는 이미 시작되었습니다. 그리고 이제 우리는 다시 프리온과 핵산의 경쟁을 목격합니다. 수십억 년 전의 종장, 그 고대의 싸움이 기술이라는 새로운 전장을 배경으로 되살아나고 있는 것입니다.

프리온이 우리에게 던지는 가장 근본적인 질문은 단순합니다. "정보란 무엇인가?" 우리는 정보를 늘 디지털처럼 생각해 왔다. 0과 1, A와 T, G와 C. 그러나 프리온은 완전히 다른 문법을 제시합니다. 그들은 '형태로 말하는 정보'입니다. 마치 언어가 문장이 아니라 억양으로 의미를 바꾸듯, 프리온은 접힘의 방식으로 존재를 재구성합니다. 그들은 '무엇을 말했는가?'보다 '어떻게 말했는가?'에 집중하는 존재입니다. 마치 춤으로, 표정으로, 침묵으로 말하는 오래된 존재처럼. 그리고 그것이 바로 우리가 잊고 지낸 생명의 또 다른 언어입니다. 잠시 시선을 인간에게 돌려 봅시다. 인류는 정보를 유전자가 아닌 기억과 문화를 통해 전파하기 시작한 존재입니다. 세포 속 염기서열보다 더 빠르게, 더 유연하게, 때론 더 위험하게 정보를 퍼뜨립니다. 프리온은 감염의 방식을 갖고 있습니다. 언어도, 문화도, 사상도 감염의 논리로 전파됩니다. 하나의 잘못된 생각은 하나의 단백질처럼 구조를 바꾸고 그 구조는 또 다른 구조를 바꿉니다. 과장하여 말하면 우리는 사상의 프리온을 살아간다고 할 수 있습니다. 믿음, 유행, 이념, 감정-그 모두는 핵산이 아닌 구조로 전파되는 '의지의 흐름'이라고 볼 수 있습니다. 우리는 지금 새로운 생명의 정의 앞에 서 있습니다.

그것은 반드시 DNA를 필요로 하지 않는다.

그것은 형태로도 복제될 수 있다.

그것은 물리적 환경을 초월하여 전파될 수 있다.

그리고 때로는 우리 안에, 우리 스스로를 통해 존재한다.

이제 경쟁은 다시 시작되었는지 모릅니다. 핵산 기반 생명체는 여전히 진화 중입니다. 유전자 편집, AI 기반 설계, 디지털 생물학-

이 모든 것은 더 강력한 생명을 만들기 위한 도전입니다. 그러나 프리온도 돌아왔습니다. 단백질 정보학, 자기조립 시스템, 구조 기반 메모리. 우리는 프리온의 언어를 배워 가고 있습니다. 프리온은 말이 없습니다. 그들은 명령하지 않고 이끌지도 않습니다. 다만 존재할 뿐입니다. 그 조용한 혁명가는 우리에게 말합니다. "생명이란, 기억되기를 원하는 구조다." "그리고 나도, 그 기억 속에 있다."

위의 내용은 과학적으로는 가설의 단계입니다. 하지만 많은 과학자들이 이 질환을 연구하다 보면 근본적인 문제에 마주치게 됩니다. 프리온에 대해서 깊게 연구해 가는 저에게는 인간의 병으로서의 프리온뿐 아니라 생명이란 무엇인지, 인간은 무엇인지에 대한 근본적인 성찰도 필요할 것 같아서 가설적 견해를 말씀드립니다.

디멘시아 문학상   Dementi aBooks
디멘시아북스

디멘시아 문학상은 치매에 대한 사회의 부정적 인식과 편견을 바로잡고, 치매 환자와 가족들의 이야기를 문학적으로 승화시키는 소중한 기회를 제공하고자 2017년 시작한 치매 관련 문학 공모전입니다.

디멘시아 문학상 수상 작품

은미
반고훈 중편소설

> 제8회
> 소설 부문
> 수상작

그리운 기억, 남겨진 사랑: 두 번째 이야기
김정회, 이종건, 김상문, 손윤희 지음

> 제8회
> 수기 부문
> 수상작

그리운 기억, 남겨진 사랑: 첫 번째 이야기
양승복, 이아영, 천정은, 염성연, 이동소, 이태린 지음

> 제5회·제7회
> 수기 부문
> 수상작

서른넷 딸, 여든둘 아빠와 엉망진창 이별을 시작하다
김희연 지음

> 제7회
> 수기 부문
> 우수상
> 수상작

레테의 사람들
민혜 장편소설

> 제5회
> 소설 부문
> 대상
> 수상작

소금꽃 질 즈음
장훈성 장편소설

> 제5회
> 소설 부문
> 최우수상
> 수상작

과거의 굴레
김영숙 장편소설

> 제5회
> 소설 부문
> 우수상
> 수상작

피안의 어머니
조열태 장편소설

> 2020년
> 세종도서
> 선정

> 제3회
> 소설 부문
> 최우수상
> 수상작

섬
이정수 장편소설

> 제1회
> 소설 부문
> 최우수상
> 수상작

스페이스 멍키의 똥
박태인 장편소설

> 제1회
> 소설 부문
> 대상
> 수상작